食事の与え方と選び方、
目的別に引けて使いやすい！
ウサギの健康のために一家に一冊！

新版 よくわかる ウサギの食事と栄養

大野瑞絵・著

誠文堂新光社

この本の使い方

　この本では、ウサギの食事をさまざまな方向から解説し、ウサギ初心者からベテラン飼い主にまで役立つ情報を提供することを目指しています。最初から通読するのはもちろん、ウサギの食生活で気になることがあったときなど、必要に応じてページを開いていただきたいと思います。

与え方を知りたい

ウサギを迎え、基本的な食事について知りたいとき
▶ **part 2** 　ウサギと毎日の食生活（P27から）

ウサギのごはんを手作りしたい！
▶ P99から

パクチーってあげていいの？
▶ P61

選び方を知りたい

ウサギに与えたい食材の種類や選び方、特徴を知りたいとき
▶ **part 3** 　ウサギの食材大研究（P35から）
▶ **part 6** 　食のデータベース（P145から）

ダイエットの方法が知りたい！
▶ P124から

介護のごはんはどうやって作るの？
▶ P134、P140から

目的別の食生活を知りたい

「こんなときはどうしたらいい？」と
食にまつわる悩みがあるとき
▶ **part 5** 　目的別・食事の与え方（P113から）

はじめに

　ウサギのケージから聞こえてくる音のうち一番好きなのは、牧草をかじるポリポリという音です。ときには長い牧草がケージの金網に、リズミカルにぶつかる音も聞こえてきます。牧草を食べている。そんな当たり前のウサギの日常を愛おしいと感じる方も多いことと思います。今日もモリモリごはんを食べ、いいウンチをしてくれている……ウサギの飼い主としては、なにものにも代えがたい幸せともいえるでしょう。

　2011年秋の旧版発行から8年、「新版　よくわかるウサギの食事と栄養」が完成しました。ウサギにとってとても大切な「食べる」ことに特化し、旧版以上に充実した情報を掲載すべく、大きく改訂しています。ウサギのための食育本として身近に置き、折々に開いていただければとても嬉しく思います。

　「Part 5目的別・食事の与え方」は三輪恭嗣先生にご監修いただきました。また、こうしてこの本を世の中に送り届けることができているのは、多くの制作スタッフの力によるものです。そしてたくさんの飼い主の皆様にもご協力いただきました。ご提供いただいた食のアイデアが、どこかで悩む飼い主さんとウサギを助けることがきっとあると思います。すべての皆様に心より感謝申し上げます。

　ウサギのおいしい顔と、それを見守る飼い主さんの嬉しい顔がたくさん広がりますように。

　　　　　　　　　　　　　　　　　　　　　　　　　　　　大野 瑞絵

contents

この本の使い方……2

はじめに……3

part 1

ウサギと食の基本情報…7

1. ウサギの食事が大切な３つの理由……8
   食事は体を作る……8
   食事は心を満たす……8
   食事は飼い主とウサギを結ぶ……9
2. ウサギの生態と食事……10
   ウサギは草食性……10
   食にまつわる行動……10
   野生ウサギの食性……11
3. 食事にまつわるウサギの体のしくみ……12
   歯のしくみ……12
   消化管の特徴……14
   排泄物と健康……16
   食事にまつわるウサギの感覚……17
4. 栄養素の役割……18
   栄養と栄養素……18
   ５大栄養素の働き……19
5. 消化吸収のしくみ……25
   食べたものが体に取り込まれるまで……25
6. ウサギの栄養要求量……26
   ウサギに必要とされる栄養価……26
   ウサギに必要とされるカロリー……26

part 2

ウサギと毎日の食生活……27

1. 定番の食事メニューと与え方……28
   基本の食事メニュー……28
   食事の基本的な与え方……29
2. ウサギに与えてはいけないもの……30
   与えてはいけない食べ物……30

COLUMN
   「いいの？ 悪いの？」の判断方法……32

3. 日々の食事から得ておきたい情報……33
   食事スタイルにも個性はある……33

part 3

ウサギの食材大研究……35

1. 牧草　ウサギの主食……36
   ウサギの主食が牧草なのはなぜ？……36
   牧草の収穫から家庭に来るまで……37
   牧草の種類と特徴……38
   牧草の選び方……43
   牧草の与え方……44
   牧草の保存方法……46
2. ペレット　補助的な主食……48
   量は少しでも重要度は主食レベル……48
   ペレットのタイプと特徴……48
   ペレットの選び方……51
   ペレットの与え方……53
   ペレットの保存方法……55
   ペレットのお悩み……55
3. 野菜　副食として毎日少しずつ……56
   野菜を与えたい理由……56
   野菜の種類と特徴……57
   野菜の与え方……64
   野菜のお悩み……65
   市販の乾燥野菜……66
4. ハーブ・野草類……67
   ハーブ・野草類を与える意味……67
   ハーブ・野草類の種類と特徴……67

ハーブ・野草類の与え方……71
　　市販の乾燥ハーブ・野草……71
5. そのほかの食べ物（果物、穀類、木の葉）……72
　　そのほかの食べ物を与える意味……72
　　そのほかの食べ物の種類と特徴……72
　　そのほかの食べ物の与え方……76
6. 水……77
　　水を与えることの大切さ……77
　　ウサギに与える飲み水の種類……78
　　飲み水の与え方……79
7. サプリメント……81
　　サプリメントとは？……81
　　ウサギにサプリメントを与える目的……82
　　選び方と与え方の注意点……83
COLUMN
　　わが家の食卓"献立編"……84
　　わが家の食卓"工夫編"……86
　　わが家の食卓"アンケート"……88

part 4
食を介したコミュニケーション……89
1. 食の時間を楽しむ……90
　　食の時間を楽しむってどういうこと？……90
　　与え方の工夫……91
　　旬を楽しむ……92
2. おやつの与え方……95
　　ウサギにとっての「おやつ」とは？……95
　　どんなときにおやつをあげる？……96
　　ウサギに適したおやつとは……97
　　与え方の注意点……98
3. 手作りごはんを楽しむ……99
　　愛情を形にできる手作りごはん……99
　　干し野菜のススメ……100
　　記念日を楽しむスペシャルプレート……102
　　ペレットと牧草の粉で作るクッキー……103
　　チモシークッキーのレシピ……103
　　自家製・野菜、葉っぱのおやついろいろ……104

4. ベランダでミニ菜園……105
　　野菜を育てる……105
　　ハーブを育てる……106
　　寄せ植えに挑戦しよう……107
　　ウサギのフンが肥料になる……107
　　プチキッチンガーデニング……107
5. 牧草を育てよう……108
　　生の牧草をごちそうに……108
　　牧草の育て方……109
6. 野草を摘みにいこう……110
　　野草を与えるメリット……110
　　野草マップを作っておこう……110
　　野草を摘む場所……110
　　野草を摘むタイミング……111
　　採取の方法……111
COLUMN　毒のある植物……112

part 5
目的別・食事の与え方……113
1. ライフステージ別の与え方……114
　　ライフステージに応じた食生活を……114
　　離乳前の子ウサギ……115
　　成長期（前期）の子ウサギ……116
　　成長期（後期）の子ウサギ……117
　　大人のウサギ……118
　　高齢期の元気なウサギ……120
　　介護が必要な高齢期のウサギ……122

2．タイプ別の与え方……123
　　タイプによって考えたい食生活……123
　　小型種の食事……123
　　長毛種の食事……123
　　太りやすいウサギの食事……124
　　痩せやすいウサギの食事……126
　　偏食なウサギの食事……127
　　がっついて食べるウサギの食事……127
3．予防と症状別の食事の与え方……128
　　食事で守るウサギの健康……128
　　不正咬合とウサギの食事……128
　　消化管うっ滞とウサギの食事……130
　　便の状態とウサギの食事……130
　　食べないときの食事……132
COLUMN　ウサギの食欲があまりないときでも
　　これだけは食べてくれる！……132
　　栄養の偏りとウサギの食事……135
4．こんなとき、あんなとき……136
　　留守番させるときのウサギの食事……136
　　連れて出かけるときのウサギの食事……136
　　視力が衰えているウサギの食事……137
　　野菜しか食べないウサギの食事……137
　　水をあまり飲まないウサギの食事……138
　　保護ウサギの食事……138
　　避妊去勢手術をしたあとの食事……138
　　換毛期のウサギの食事……139
　　薬の飲ませ方……139

COLUMN
　　愛と「ひと手間」
　　ウサギ専門店に聞くケアごはん……140
　　ウサギの食事のヒヤリ・ハット……144

part 6
食のデータベース……145
1．ウサギの食事史……146
　　ペットのウサギは何を食べてきたのか……146
　　江戸時代のウサギ
　　〜野菜類や穀類……146
　　明治時代のウサギ
　　〜穀類やさまざまな植物……146
　　大正時代のウサギ
　　〜おからやふすまが主要飼料……147
　　昭和・戦時中のウサギ
　　〜野菜くずならなんでも……147
　　昭和・戦後のウサギ
　　〜青物は陰干ししてから……147
　　昭和から平成のウサギ
　　〜牧草が主食に……148
　　令和のウサギ
　　〜選択肢の増加と情報の取捨選択……148
2．災害に備える……149
　　防災用品の準備……149
　　ローリングストックで
　　災害に備える……150
3．ウサギの食と法律……152
　　動物愛護管理法とウサギの食……152
　　ペットフード安全法について……152
4．食べ物の成分表と栄養要求量……153
　　牧草の成分表……153
　　食材の成分表……154
　　ペレットの成分表……156
　　ウサギの栄養要求量……157

参考資料……158

謝辞……159

※この本は、2011年9月に発行した『よくわかるウサギの食事と栄養』を増補改訂し、大幅に加筆修正したものです。

part 1

ウサギと食の基本情報

ウサギは草食性の動物です。歯が伸び続けることや大きな盲腸があることなど、植物から栄養を摂取するための独特の消化システムをもっています。繊維質の多い食事を与えることがとても大切なのです。必要な栄養素はそれだけではありません。さまざまな栄養素についても理解しましょう。

1. ウサギの食事が大切な 3つの理由

食事は体を作る

ウサギをはじめとする動物たちは、体を作り、維持していくために必要な栄養を、食べ物として取り込んでいます。

食べ物に含まれる栄養分は、体内でさまざまな形に変化して、体の構成要素となります。たとえばタンパク質は筋肉や被毛になります。もし成長期に必要なタンパク質が摂取できていなければ正常な成長ができません。また、タンパク質や糖質、脂質といった栄養は、生きていくために必要なエネルギー源でもあります。

どんな栄養がどのくらい必要なのかは動物によって異なり、栄養が過剰になったり欠乏したりすれば、病気になることもあります。食事が体に及ぼす影響はとても大きいものなのです。

ウサギの体が健康であるためには、腸内環境を適切に維持する食事が求められます。ウサギの場合には、植物から栄養を摂取する独特の消化システムをもっているためです。また、適切な食事が、胃腸の病気や歯の病気といったウサギに多い病気の予防に効果的なことも知られています。

食事は心を満たす

食欲は本能的な欲求のひとつです。ものを食べることでお腹がいっぱいになるだけでなく、精神的に大きな満足感を得ることができると考えられます。

草食動物であるウサギは本来、活動時間のうち多くの時間を食べることに費やしています。飼育下でも、食事をする時間を多くすることが、ウサギの心を本能的に満たしてくれるでしょう。

また、おいしいものを食べることはウサギにとっても嬉しいことでしょう。「食べる楽しみ」もウサギには必要です。

食事は、体も心も満たしてくれるもの

> **COLUMN**
>
> ### 食事と環境エンリッチメント
>
> 「環境エンリッチメント」とは、動物福祉の立場から、それぞれの動物が本来もっている行動を引き出すことができるよう、飼育下にいる動物たちの暮らしを豊かにする環境を作ろうという考え方のことです。そのひとつに、野生下での行動レパートリーを再現させるというものがあります。
>
> ものの食べ方は動物種によってさまざまですが、野生のウサギの場合、一日の多くの時間を食事のために使っています。ペレットは栄養面では優れていますが、食べるのに時間がかかりません。ウサギの主食として牧草が推奨される理由のひとつには、「時間をかけて食事をする」という行動レパートリーが再現できるというものがあります。
>
> また、好物の与え方を工夫することで、「食べ物を探す」という行動レパートリーをウサギの暮らしに取り込むこともできるでしょう。
>
>

食事は飼い主とウサギを結ぶ

◆飼い主の責任として

　飼い主の立場からウサギの食事を考えるときには、いくつかの視点が存在するでしょう。

　まず、飼い主としての責任です。ペットとして飼われているウサギの食事には飼い主が100％、関与しています。ウサギは飼い主が与える食事を食べるしかありません。食事や水を与えないのは論外ですが、ウサギに適していないものを与えるのも問題です。ウサギ用の食べ物は種類が多く、おそらくこれからも選択肢は広がっていくでしょう。それらの中からよりよいものを選び、与え、ウサギの健康を守る努力をし続ける必要があります。

◆コミュニケーション手段として

　もうひとつは、飼い主とウサギの心をつなぐということです。食べ物、特にウサギの好物を与えることはコミュニケーション手段としてとても効果的です。好物の与えすぎで太らせてしまったりするのは問題ですが、食べ物はウサギと仲良くなるためのきっかけになります。

　スーパーマーケットの店頭で旬の野菜を見たり、ペットショップで新製品のおやつを見つけたときに、ウサギが喜んで食べている姿を思い描くこともあるでしょう。食べ物には、ウサギへの愛情をより深める力もあるのです。

◆食事のことを考え続ける必要性

　ウサギに与える食事は時代によって変わってきました。この書籍でご紹介するのは、「2019年の時点でいえる『今、ウサギにとってよりよい食事』」ということになります。長生きするウサギが増えている理由のひとつには食生活の改善が挙げられますから、今現在の基本の食事スタイルである「牧草をたっぷり」はペットのウサギにはとても合っているのでしょう。

　ただし長生きをするウサギの食生活が皆、同じではありませんし、牧草を食べないウサギが長生きするケースもあります。すべてのウサギにあてはまる「ゆるぎない正解」はないのかもしれません。

　「うちの子の『正解』」を探し、食事について考え続けることも、ウサギと生活する楽しさのひとつと考えていただきたいと思います。

食べ物はウサギと飼い主の間を近づけてくれる

> **COLUMN**
>
> ## 飢えと乾きからの自由〜「5つの自由」より
>
> 　「5つの自由」とは、動物を適切に扱うにあたっての国際的な基準となっている考え方のことです。もともとはイギリスで家畜の福祉の基本として定められました。「飢えと乾きからの自由」は、その動物にとって適切な食べ物を適切な量と回数与え、清潔な水を十分に飲めるようになっていることをいいます。
>
> <動物福祉の基本「5つの自由」>
> 1．飢えと乾きからの自由
> 2．肉体的苦痛と不快からの自由
> 3．外傷や疾病からの自由
> 4．恐怖や不安からの自由
> 5．正常な行動を表現する自由

2. ウサギの生態と食事

ウサギは草食性

ウサギは主に草本植物（いわゆる草の葉っぱ）を食べている草食性の動物です。

ウサギの消化器官は植物を食べるための独特の進化をしています。繊維質の多い植物をすりつぶすことで歯はすり減りますが、伸び続けるので歯がなくなることはありません。植物の細胞を分解して栄養にするため、ウサギの消化管の中には微生物が棲みつき、細胞を分解、発酵させています。

こうした働きがあるからこそ、ウサギは植物の栄養を摂取することができるのです。

食にまつわる行動

◆食事時間は早朝と夕方

野生下のウサギは夕方から夜明けにかけての時間帯に食事をしています。飼育下では、朝6時と、夕方4時から6時にかけてよく食べているという観察の記録があります。ウサギに食事を与える時間として朝と夕方以降が推奨されているのは、こうした採食のリズムがあるからです。

◆貯食はしない

貯食とは、集めた食べ物を自分の巣や行動範囲のさまざまな場所に貯蔵しておくことです。ウサギの仲間のなかでもナキウサギ（日本では北海道にエゾナキウサギが生息）は夏から秋にかけて、草の葉や花、キノコなどを冬に向けて貯食します。ナキウサギ以外のウサギはこうした行動をすることはありません。

◆巣材を運ぶ

妊娠したメスウサギは子育てをするため、巣材として草を巣穴に運び込み、自分の体の毛をむしって敷き詰め、暖かな寝床を作ります。飼育下でも牧草を口にくわえて運ぶ姿を見ることがあります。こうした行動は実際には妊娠していない「偽妊娠」のときにも見られます。

◆食べ物での「学習」

動物には学習能力があります。「あること」をすると「いいこと」が起こるという経験から、「いいこと」を起こしたいと思って「あること」をするようになるというものです。

「いいこと」として大きな力を発揮するのが「食べ物」です。

ウサギは草食性の動物

巣材を集めるウサギ

「いいこと」をウサギは覚える

ウサギの名前を呼び、こちらに来たらおやつをあげていると、名前を聞くと「おやつがもらえる」と思ってウサギがこちらに来るようになる、というのがひとつの例です。

キャリーの中に入ることに慣らすために、キャリーの中でおやつを与えることで、「キャリーの中にいるといいことがある」とウサギに学習させることもできます。

おやつを入れている容器を振る音を聞かせてからおやつを与えていれば、その容器の音がするとすぐにこちらにくるようにもなります。こうした学習をさせておくと、とっさのときにウサギをこちらに呼ぶのに活用することもできるでしょう（いたずらをしそうになっているのをやめさせるときなど）。

このように学習能力はいいことにも使えますが、困ったことを学習してしまうこともあります。よくあるケースは、「ケージの金網をかじる」というものです。ウサギが金網をかじっているとき、飼い主がそれをやめさせようとしておやつを与えたりすると、ウサギは「金網をかじるとおやつがもらえる」と学習し、しつこく金網かじりをするようになってしまうことがあるので注意しましょう。

野生ウサギの食性

飼育下のウサギの食事を考えるために、野生のウサギが何を食べているのかを知っておきましょう。野生下とまったく同じものを与えることはできませんが、重要なポイントやエッセンスは取り入れることができます。

おもに食べているのは、イネ科やマメ科、キク科、水分の多い草の葉などの植物です。冬や過酷な環境下では茎や芽、木の葉や樹皮、植物の根などを食べたり、農園があればレタスやキャベツ、根菜や穀類を食べたりもします。

いくつかの資料から野生下で観察されている具体的な植物の種類を見てみましょう。

case1
ウシノゲグサ、ヤマカモジグサ、メヒシバなどのイネ科植物を好む。十分に食べられないときにだけ、双子葉植物を食べる。双子葉植物のなかではマメ科とキク科を食べる。("Nutrition of the Rabbit"より)

case2
冬には若い木や新芽を食べる。ジュニパー（セイヨウネズ）やコモンブルーム（エニシダ）のような低木を食べる。栽培された木のなかではリンゴ（バラ科）の樹皮を特に好み、サクランボやモモの樹皮も食べる。("Nutrition of the Rabbit"より)

case3
夏：スイバ（タデ科）、オオヨモギ（キク科）、ヒゲスゲ（カヤツリグサ科）、ノカブ（アブラナ科）など
秋：シロザ（アカザ科）、イノコヅチ（ヒユ科）、カモジグサ（イネ科）など
（「ウサギ学」より）

メヒシバ（イネ科）

スイバ（タデ科）

オオヨモギ（キク科）

シロザ（アカザ科）

イノコヅチ（ヒユ科）

3. 食事にまつわる ウサギの体のしくみ

歯のしくみ

◆伸び続け、削られ続けるウサギの歯

　ウサギの歯は、植物を食べるのに適した形状をしています。
　歯の本数は全部で28本。そのうち切歯（前歯）は6本、臼歯（奥歯）は22本で、人や犬猫などにある犬歯はありません。
　母親のお腹にいる間に乳歯が生え、生後30日ほどで永久歯が生えてきます。乳歯の本数は16本です。
　ウサギの歯の最大の特徴といえるのが「生涯にわたって伸び続ける」というものです。
　人や犬猫などの歯は、歯ができあがるとそれ以上作られることはなく、咬耗※1や摩耗※2ですり減って短くなったら短いままで、もとの長さに戻ることはありません。
　ところがウサギやげっ歯目は、常生歯と呼ばれる、生涯にわたって伸び続ける歯をもっています。ウサギの場合は、すべての歯が常生歯です（げっ歯目のリスやハムスターなどは切歯だけが常生歯）。ウサギでは上顎切歯は一年に約12.7cm、下顎切歯は一年に約20.3cm伸びるという記録があります。
　このように伸び続ける一方で、歯はものを食べることなどで削られ続けるため、歯の噛み合わせが適切なかぎり、伸びすぎて困ることはありません。

◆切歯の働きとしくみ

　ウサギの切歯は6本です。口の中のすぐ手前にあるのでウサギがあくびをしているときなどに見えますが、通常は上下2本ずつの切歯しか観察できません。実は上顎の切歯の裏側に、2本の小さな切歯が生えています。大きいほうの切歯は「第一切歯」、裏側の小さな切歯は「第二切歯」、「peg teeth（ペグティース：樽の栓やテントを張る杭などのこと）」などともいいます。（この本では、ただ「切歯」というときは「第一切歯」を指します）
　切歯の働きのひとつは、食べ物を噛み切ることです。切歯の先端はとても鋭く、硬い草の茎でも噛み切ることができます。短く切った食べ物を口の中に送り込み、臼歯ですりつぶしてから食べます。切歯には、身づくろいをするという役割もあります。
　歯の表面にあるのはエナメル質という組織で、体にあるすべての組織の中で最も硬いものです。ウサギの下顎の切歯はほぼ全面がエナメル質ですが、上顎の切歯は手前側（唇側）だけがエナメル質に覆われ、裏側

大あくびをするときに歯を見せてくれる

ウサギの歯式図

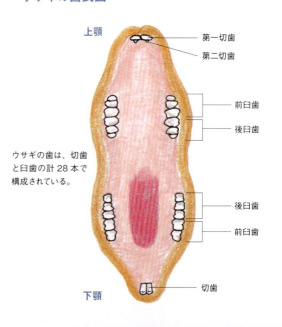

ウサギの歯は、切歯と臼歯の計28本で構成されている。

（舌側）はエナメル質よりは柔らかい象牙質の層になっています。そのため、ものを食べるときの歯をこすり合わせる動きによって削られます。こうして切歯は適度な長さを保ちつつ先端が鋭くなっているわけです。

◆**臼歯の働きとしくみ**

ウサギには22本の臼歯があります。その内訳は、上顎の片側（右側または左側）に3本ずつの前・後臼歯、下顎の片側に2本の前臼歯、3本の後臼歯となっています。

臼歯の働きは、食べ物をすりつぶすことです。そのため、咬合面（上下の歯が噛み合う面）が広くなっています。咬合面は柔らかいセメント質と象牙質、硬いエナメル質が入り組んで存在し、食べ物をすりつぶす動きをすることで咬合面がすり減っていきます。

臼歯を使ってものを食べているときには、下顎を左右に動かして咀嚼しています。1分間に120回、動かしているというデータがあります。

咬合面の大きさは下顎のほうが小さいので、下顎を十分に左右に動かさないと上顎の臼歯の咬合面をまんべんなくこすることができません。適切な臼歯の動きのためには、繊維質の多い食べ物が必要になります。

※1 咬耗：咀嚼するときなど歯と歯が接触することによって歯がすり減ること
※2 摩耗：歯と歯の接触以外で歯がすり減ること

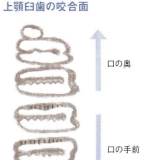

下顎臼歯の咬合面　上顎臼歯の咬合面

口の奥
口の手前

ものを食べるときの臼歯の動き

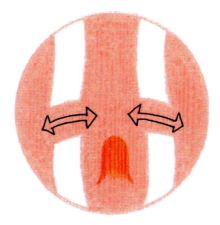

繊維質の多いものを食べるとき：ウサギが繊維の多い植物を食べるとき、下顎臼歯が左右に幅広く動く。そのため、上下の臼歯ともに歯冠がまんべんなくすり減る。

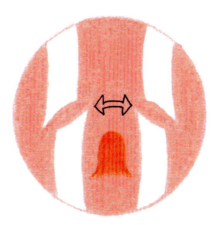

繊維質の少ないものを食べるとき：臼歯を左右に大きく動かさなくとも食べられるような繊維質の少ないものを食べていると、下顎臼歯の動く幅が狭くなり、その結果、上下の臼歯はまんべんなくこすり合わず、上顎臼歯は頬側に、下顎臼歯は舌側に、刺状に伸びていく。

ウサギの噛み合わせ

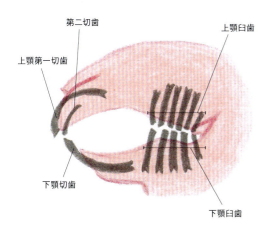

第二切歯
上顎第一切歯
上顎臼歯
下顎切歯
下顎臼歯

ウサギの正常な噛み合わせは、上下の臼歯が噛み合っているときに下顎の切歯が前後の切歯の間にある。

ウサギと食の基本情報　食事にまつわるウサギの体のしくみ

消化管の特徴

草食動物であるウサギにはとても長い消化管があり、体に占める割合は体重の10〜20%といわれます。ウサギの消化管には繊維質の多い食べ物から栄養を吸収する独特のしくみがあります。

◆口は食べ物を取り込む入口

切歯で噛み切った食べ物を口の中に入れ、臼歯ですりつぶします。唾液と混ざった食塊(食べたものの塊)は食道を通って胃に入ります。

◆胃は貯蔵器官、消化を助ける

胃では水と胃液が分泌され、消化を助けます。

ウサギの胃は大きく、消化管全体の約34%の容量があります。胃には内容物を少しずつ小腸に送り込む貯蔵器官という役割もあります。

同じ草食動物の牛などは複数の胃をもちますが、ウサギの胃は人と同じようにひとつです(単胃)。胃の入口を「噴門」、胃の出口を「幽門」といいます。深い袋状で発達した噴門をもつという胃の形の特徴から、ウサギは嘔吐ができないとされています。

胃のpHは1〜2と強い酸性になっているため、病原性のある微生物を死滅させてから小腸に送ることができます。

ウサギの胃は空になることはなく、常に食塊や飲み込んだ抜け毛などが入っていますが、消化管の動きが正常なら問題はありません。

◆小腸で栄養の多くを吸収・消化

食塊が小腸(十二指腸、空腸、回腸)に移動すると、胆汁や消化酵素によって消化・吸収が行われます。繊維質以外のほとんどはここで消化・吸収されます。

◆残った繊維質が大腸へ

小腸までに消化・吸収されなかったもの(おもに繊維質)は大腸(盲腸、結腸、直腸)に移動します。

大腸の入り口で「粗い繊維質」と「細かい繊維質などの粒子と液体」に分離され、粗い繊維質は結腸・直腸を通り、肛門から便として排泄されます。丸くてコロコロしたおなじみのウサギの便で、「硬便」と呼ばれます。

粗い繊維質から栄養を摂取することはできませんが、腸を刺激し、消化管の動き(蠕動運動)を促進するというとても重要な役割があります。

ウサギは硬便を食べることもあります。

◆大きな盲腸が盲腸便を作る

ウサギに限らず動物は、植物の細胞膜(壁)を分解する酵素をもっていませんが、ウサギでは盲腸がその役割を担っています。

ウサギの盲腸は非常に大きく、消化管全体の約49%の容量があります。

大腸の入り口で分けられた細かい粒子と液体は盲腸に送り込まれます。盲腸には微生物であるバクテリアが生息していて、バクテリアはオリゴ糖や植物の細胞壁の成分であるセルロースなどを分解、発酵する働きをしています。この働きによりタンパク質やビタミンB群(特にB12)、ビタミンKが生成されます。また、発酵によって作られた揮発性脂肪酸という成分は盲腸で吸収されてウサギのエネルギー源になります。

微生物の発酵によって栄養豊富になった盲腸内容物は、盲腸から結腸、直腸を経て肛門から排出されます。これを盲腸便といいます。小さな柔らかい粒がブドウの房のようにまとまり、2〜3cmほどの大きさで粘膜に覆われ、独特のにおいがします。

ウサギは肛門に口をつけて盲腸便を食べ、栄養を摂取します。硬便と盲腸便とで異なる直腸の運動や、盲腸便の独特のにおいなどによって、ウサギは盲腸便が出ることがわかるといわれています。

硬便と盲腸便の栄養価の違い

成分	硬便	盲腸便
粗タンパク質(g/乾物kg)	170	300
粗繊維(g/乾物kg)	300	180
ビタミンB群(mg/kg)		
ニコチン酸(ナイアシン)	40	139
B2	9	30
パントテン酸	8	52
シアノコパラミン(B12)	1	3

"Nutrition of the Rabbit"より(一部改変)

盲腸便

ウサギの消化管

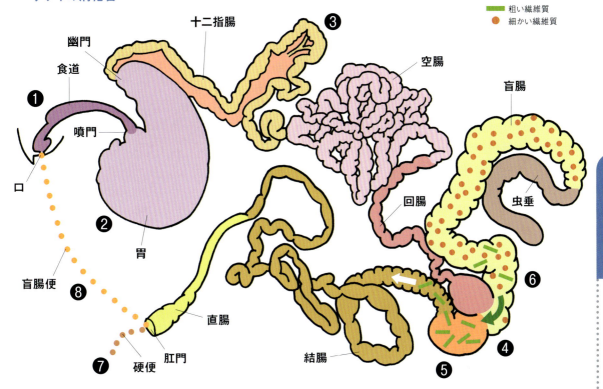

❶食べ物が切歯で噛み切られ、臼歯ですりつぶされ、唾液と混ざる。

❷咀嚼された食塊が胃で胃液と混ざる。胃内は強い酸性。

❸食塊は小腸（十二指腸、空腸、回腸）に送られ、繊維質以外のほとんどのものが消化・吸収される。

❹ 大腸の入り口で「粗い繊維質」と「細かい繊維質などの粒子と液体」に分離される。

❺「粗い繊維質」は結腸へ進んでいく。

❻「細かい繊維質などの粒子と液体」は盲腸へと送り込まれ、盲腸便が作られる。

❼「粗い繊維質」は結腸から直腸を経て、硬便（おなじみのコロコロした便）として排泄される。

❽盲腸便は大腸を通過して肛門から排出される。ウサギは肛門に口をつけて直接、盲腸便を食べる。食事をしてから盲腸便として排出されるまでに3〜8時間かかる。

口から消化は始まるよ

排泄物と健康

◆ウサギと便

排泄物は健康のバロメーターのひとつです。健康なウサギの便は丸くコロコロしています。色は茶褐色で、食べているものなどによって緑に近い薄茶色から黒っぽい色まであります。

押しても簡単につぶれず、強く押せばつぶれる程度の硬さがあります。崩すと細かな繊維のかすに混じって被毛もありますが、異常ではありません。においはほとんどありません。

便の大きさは直径0.7〜0.8cmから1cmくらいで、一日に5〜18g（体重1kgあたり）を排泄するとされていますが、大きさや量は個体差も大きいものです。いつもの便の大きさやだいたいの量を把握しておき、小さくなったり少なくなったりしていないかを注視する必要があります。

◆ウサギと尿

健康なウサギの尿は白濁しています。色は食べているものなどによって白っぽい色のものから黄色、オレンジ色、赤っぽい色のものもあります。

一日あたりの排尿量は約130ml/kgですが、水分の多い野菜類をたくさん与えていたり、水を飲む量が多かったりすると尿は増えます。

哺乳類では通常、過剰に摂取したカルシウムは便と一緒に排泄されますが、ウサギのカルシウム代謝が非常に特殊で、過剰なカルシウムを尿として排泄するために濁っているのです。

便の形状と健康状態

正常な便
丸くコロコロしています。大きさはだいたいいつも一緒です。

つながった便
いくつかの便が被毛でつながっています。消化管の中に被毛があること自体は正常ですが、こうした便が出るのは飲み込んでいる被毛が過剰なことが考えられます。

いびつな便・大きさがまちまちな便
健康なウサギの便は丸い形をしていて、個体ごとに同じような大きさですが、しずくのような形をしていたり、大小まちまちの場合は、消化管にトラブルをもつ可能性があります。小さい便ばかりになったり出なくなるのも異常です。

盲腸便
ブドウの房状の便。ウサギが肛門から直接食べてしまうので、通常は見かけることはほとんどありません。食べずに落ちているときはなんらかの問題が考えられます。

軟便
形はあっても水分が多く非常に柔らかい便。正常な便はウサギが踏んでもつぶれませんが、軟便だとウサギの足の裏やお尻まわりにくっついたりします。きついにおいがします。

下痢便
形をなさない下痢便をしているのは異常事態で、特に幼いウサギではすぐに命に関わります。

尿の色と健康状態

正常な尿
透明ではなく濁っているのが普通です。

赤っぽい尿
食べたものの色素によって赤っぽい尿をすることがありますが、これは正常です。しかし血尿のために尿が赤いこともあるので、動物病院で検査を受けるといいでしょう。

血尿
尿全体が赤くなっている血尿。尿に部分的に血が混じっている場合もあります。

尿砂の混じった血尿
砂状のミネラル分が多い血尿。鮮血の血尿よりも濁っていることがわかります。

過度にドロドロした尿
尿が泥状になっている高カルシウム尿が排泄されるのは正常ではありません。

サラサラした尿
大人のウサギが透明でサラサラした尿をするのは正常ではありません。

※排泄物の状態がよくないときの対応については130ページ参照。

写真提供（軟便、下痢便、血尿、尿砂の混じった血尿）：三輪恭嗣（みわエキゾチック動物病院）

食事にまつわるウサギの感覚

◆味覚

ウサギの味覚は繊細でとても鋭いものです。食べ物の味を感じ取るのは舌にある小さな突起「味蕾（みらい）」ですが、ウサギには味蕾が17,000あるといわれます。これは人の倍近い数です。

◆嗅覚

嗅覚も、ものを食べるにあたっての重要な感覚のひとつです。目新しいものを与えると、いきなり食べたりせずにまずにおいを嗅ぐ姿を見ることがあるでしょう。ウサギは嗅覚も非常に優れています。においを感じる細胞（嗅細胞）の数は1億ともいわれます（人は1000万）。

◆触覚

ウサギのひげは触覚をつかさどる感覚器官ですが、唇のまわりに生えている触毛も、食べ物について判断するのに使われています。ウサギは視野が広く、ほぼ真後ろ近くまで見ることができるものの、口の前は見ることができないので、唇の感覚が役立ちます。

ウサギの視野

目が顔のやや側面にあるため、ウサギの視野はとても広い。ただし真後ろは見えない

緑の葉っぱをいただきます！

ウサギは味覚も嗅覚も人より優れている

> **COLUMN**
>
> ### ウサギの色覚
>
> 私たちはものを食べるときにまず「目で味わう」などと言われます。ウサギはどうなのでしょう。ウサギの色覚は二色型色覚といい、青と緑で構成された色の世界になっています。緑の葉野菜と鮮やかなオレンジ色のニンジンが並んでいても、ウサギはあまり色の違いがわからないのです。
>
>
>
> ウサギが見た野菜の色

4. 栄養素の役割

栄養と栄養素

　ウサギも人も、食べ物から栄養を摂取して体を維持しています。「栄養」とは、ものを食べ、食べたものが消化・吸収され、代謝という働きによって体内で働く形に分解・合成され、エネルギーや体の組織になる、という一連の働きのことをいいます。
　「栄養」のために摂取する成分のことを栄養素といいます。
　栄養素には「エネルギーとなる」「体の構成成分となる」「体の機能を調節する」という3つの重要な役割があります。

◆エネルギーとは

　栄養素の大きな働きのひとつは「エネルギー源になる」というものです。よく「元気になる」というような意味でエネルギーという言葉が使われますが、エネルギーとは生命活動を維持するための源となるものです。心臓が動くなど内臓の機能、食べたものの消化・吸収、呼吸、体内の血液循環、ホメオスタシス（恒常性の維持）※、神経伝達など、生きていくための体の活動はエネルギーによって行われています。エネルギーが不足すると、体脂肪を燃焼させ、それでも足りないと体を構成するタンパク質が使われてしまいます。
　エネルギーには、じっとしていても使われる基礎代謝エネルギーと、活動するときに使う活動エネルギーがあります。
　カロリー（cal）は、食べ物にどのくらいのエネルギーがあるかを示す単位です。

※ホメオスタシス：外界の変化があっても生体を安定した状態に保つ働き

＜栄養素の種類＞

3大栄養素：タンパク質、炭水化物、脂質
5大栄養素：3大栄養素に加えてビタミン、ミネラル
6大栄養素：5大栄養素に加えて水、あるいは食物繊維

＜栄養素の役割と種類＞

エネルギー源となる：タンパク質、炭水化物、脂質
体の構成成分となる：タンパク質、脂質、ミネラル
体の機能を調節する：タンパク質、脂質、ビタミン、ミネラル

栄養とは

食事 → 食べる → 消化 → 吸収 → 代謝 → 排泄

この一連の働きが「栄養」です。

5大栄養素の働き

◆タンパク質

　動物の体の主成分となっている栄養素です。タンパク質の最小単位はアミノ酸です。食事として摂取したタンパク質はアミノ酸に分解されて吸収され、全身に運ばれていろいろな組織でタンパク質の合成に使われます。

　アミノ酸には多くの種類があります。そのうち体内で合成できなかったり、合成される量が少ないものを「必須アミノ酸」といい、食事から摂取する必要があります。必須アミノ酸の数は動物の種類によって異なります。

　必須アミノ酸の必要量については、よく桶を用いて説明されます。必須アミノ酸の数と同じ枚数の板で組まれた桶があり、中に水が入っている場合、もし他のものよりも低い桶板があると、たとえ他の桶板に高さがあっても、水は低い桶板のところまでしか溜めることができません。足りない必須アミノ酸があると、他も足りなくなってしまうということです。

タンパク質の働き

・体の構成成分になる（体内の臓器、筋肉、骨、皮膚、毛、爪、血液などあらゆる組織の材料）
・体の機能を調節する（消化酵素などの酵素、免疫物質、成長ホルモンやインスリン、セロトニン、ドーパミンなどホルモン、神経伝達物質など）
・エネルギー源になる（1gあたり約4kcalのエネルギーとなる）

タンパク質の欠乏と過剰

欠乏：成長の遅れ、痩せる、被毛や皮膚の状態が悪くなる、妊娠中には胎子の成長の遅れ、免疫力の低下、体力の低下など。
過剰：過剰は分解されて尿素となって尿として排泄され、腎臓に負担がかかる。糖質や脂質にも移行し、肥満の原因にもなる。

ウサギとタンパク質

　ウサギの食事のなかでタンパク源となっているのは、牧草やペレット、そして盲腸便です。食事に含まれるタンパク質が多すぎると腸内環境が悪くなったり、盲腸便を食べなくなるといわれます。盲腸便からのタンパク質はすべての摂取するタンパク質の10〜20%とする資料もあります。適切な食事によってよい腸内環境を維持することがとても大切です。

ウサギの必須アミノ酸と主な役割

アルギニン	成長ホルモンの合成に関与、体脂肪代謝に関与、免疫反応を助ける、筋肉強化
グリシン	抗酸化作用、肝臓のエタノール代謝、抗炎症作用、コラーゲンの構成成分
ヒスチジン	成長に関与、神経機能の補助
イソロイシン	成長促進、神経機能の補助、血管拡張、肝臓の機能を高める、筋力強化
ロイシン	肝臓の機能を高める、筋力強化
リジン	組織修復、成長に関与、ブドウ糖の代謝に関与、肝臓の機能を高める
メチオニン+シスチン	メチオニンはシスチンによって置換される
メチオニン	ヒスタミンの血中濃度を下げる、抗うつ症状の改善
シスチン	抗酸化作用、チロシナーゼの働きを抑える、ケラチンに多く含まれる
フェニルアラニン+チロシン	チロシンはフェニルアラニンによって部分的に置換される
フェニルアラニン	神経伝達物質を生成する、血圧の上昇、鎮痛作用、抗鬱作用
チロシン	神経伝達物質の原料となる、メラニンの原料となる
スレオニン	成長促進、脂肪肝の予防
トリプトファン	神経伝達物質の原料となる、精神安定、鎮痛効果
バリン	成長に関与、血液中の窒素バランスを調整、筋肉・肝機能を高める

※必須アミノ酸の名称は「ラビットメディスン」より

◆糖質

糖質と繊維質をあわせて炭水化物といいますが、それぞれの働きは大きく異なるので、ここでは別々に説明します。

糖質は、主にエネルギー源となる栄養素です。体内で最小単位のグルコース（ブドウ糖）に分解されて、エネルギー源として全身に運ばれます。この最小単位が単糖で、単糖がふたつながった二糖類、たくさんつながった多糖類という種類があります。

「糖分」という言葉もありますが、この言葉の定義はありません。単糖類、二糖類、多糖類を合わせて「糖質」、糖質のうち単糖類と二糖類のことを「糖類」といいます。単糖類と二糖類は甘みがありますが、多糖類にはデンプンなども含まれ、糖質のすべてが「甘い物」というわけではありません。

糖質の働き
・主にエネルギー源になる（1gあたり約4kcalのエネルギーとなる）
・エネルギーの貯蔵（グリコーゲンとして肝臓や筋肉に貯蔵）
・体の構成成分になる（グルコースが核酸、糖タンパク質、糖脂質などを構成する素材になる）

糖質の欠乏と過剰
欠乏：エネルギー不足で疲れやすくなる。体タンパク質や体脂肪がエネルギーとして使われるため、筋肉が落ちたり、免疫力が低下する。
過剰：体脂肪として蓄積され肥満になる。糖尿病のリスクが高まる。

ウサギと糖質
「甘いもの」という意味での糖分を、ウサギに過度に与えることは控えるべきですが、栄養素としての糖質はウサギにも当然、必要です。グルコースやフルクトースはウサギの主食である植物の主要な単糖類ですし、チモシーなどの牧草にも含まれています。ただし子ウサギに大量のデンプン質を与えると消化器疾患を起こすおそれがあるので注意が必要です。

◆繊維質

炭水化物のうち、動物がもつ消化酵素で分解することはできず、消化管内のバクテリアによる分解や発酵によって消化されるもののことです。

繊維質は、水分を吸収して膨張し、腸の蠕動運動を促進して食物の通過時間を短くする不溶性繊維、水に溶けてネバネバになりコレステロールの吸収を妨げるなどの働きがある水溶性繊維の2つに分けることができます。

セルロース、ヘミセルロース、リグニンは植物の細胞壁の主成分です。動物はセルロースを分解するのに必要な酵素セルラーゼをもっていないので消化できませんが、腸内バクテリアの力を借りて分解しています。

繊維質もとらないとね！

糖質の種類

単糖類	グルコース（ブドウ糖）		果物、穀類、根菜	糖類
	ガラクトース		乳汁	
	フルクトース（果糖）		果物、花蜜	
少糖類	二糖類	ラクトース（乳糖）	母乳、牛乳	
		スクロース（ショ糖）	砂糖	
		マルトース（麦芽糖）	水飴	
	オリゴ糖		フラクトオリゴ糖など	
多糖類	デンプン		穀類、豆類、イモ類	
	グリコーゲン		動物の肝臓、筋肉	
	セルロース		食物繊維	繊維質

繊維質の働き
・消化管内の環境を整える（消化管の働きを刺激する、消化管内の有害物質を排出するのに役立つ）

繊維質の欠乏と過剰
欠乏：腸内環境の悪化、咀嚼回数が増えない。
過剰：栄養素の吸収を阻害、消化率を低下させる。

ウサギと繊維質
　ウサギにとって繊維質は非常に重要です。腸内環境を適切に維持し、歯の健康を守るためにも、盲腸での発酵によってタンパク質やビタミン、エネルギーが作られるためにも、繊維質は欠かせません。
　特に、牧草などに多く含まれる不消化性繊維は消化管の動きを促しますし、盲腸便に対する食欲を増加させることも知られています。よく噛まねばならないため、退屈しのぎにもなります。
　繊維質の大きさについては、摂取する繊維が1mmのふるいにかけられる細かさのものばかりだと消化管の障害が起きやすく、2～7mmだと起こらないということが報告されています。なお、盲腸に送り込まれる小さな粒子は0.3mmほどとされています。食べ物としては繊維質の大きなものを与えたうえで、臼歯によってよく咀嚼されるという動きが重要ということになるでしょう。

◆脂質
　水には溶けにくく、有機溶剤という特殊な溶液には溶けやすい物質を脂質といいます。脂質は最も効率のよいエネルギー源です。十二指腸で分解、吸収され、形を変えて全身を循環し、脂肪組織に中性脂肪を受け渡したあと肝臓へ戻ります。
　脂質には単純脂質、複合脂質、誘導脂質などの種類があって、よく耳にする中性脂肪は単純脂質の、コレステロールは誘導脂質の一種です。
　脂質を構成するのは脂肪酸という成分です。そのうち体内では合成できないか合成量が足りないものを「必須脂肪酸」といいます。必須脂肪酸には細胞膜の構成、皮膚や被毛の維持、繁殖、免疫力、神経伝達に関与するといった重要な働きがあります。

脂質の働き
・エネルギー源になる（1gあたり9kcal。タンパク質や炭水化物の2倍以上）
・体の構成成分になる（生体膜、脳、神経組織を構成する）
・体の機能を維持する（免疫物質を作る、血液の防御、ホルモン分泌）
・必須脂肪酸の供給源となる（リノール酸、αリノレン酸、アラキドン酸）
・その他（脂溶性ビタミンの利用、皮下脂肪として体温を保持する）

繊維質の分類

不溶性繊維	セルロース、ヘミセルロース、リグニン、キチンなど
水溶性繊維	ペクチン、アルギン酸、グルコマンナン、グアガムなど

脂肪酸の分類

```
脂肪酸
├ 飽和脂肪酸
└ 不飽和脂肪酸
    ├ 一価不飽和脂肪酸
    └ 多価不飽和脂肪酸
        ├ ω-6系  リノール酸、γリノレン酸、アラキドン酸
        └ ω-3系  αリノレン酸、EPA、DHA
```

ひっぱりっこも楽しい！

モグモグ中、見つかっちゃった？！

脂質の欠乏と過剰

欠乏：エネルギー不足になる。治癒力の低下、皮膚の乾燥など。
過剰：肥満、高脂血症、脂肪肝など。

ウサギと脂質

盲腸での発酵で作られ、ウサギのエネルギー源のひとつになる揮発性脂肪酸も脂質のひとつです。

日常的にウサギに与える食材にはたいてい脂質が含まれています。ペレットにも入っていますし、牧草や野菜などにも含まれています。食べ物のなかに植物に由来する脂質が2.5％あれば必須脂肪酸をまかなえるといわれています。

◆ビタミン

ビタミンはエネルギー源にも体の構成要素にもならず、必要量は微量ですが、体内での代謝に関わり、生命活動には必須の存在です。体内でも合成されますが、それだけでは不足するために食べ物として摂取する必要があります。小動物のなかでは、モルモットはビタミンCを体内で合成できないことがよく知られています。

ビタミンには脂溶性と水溶性があります。脂溶性ビタミン（ビタミンA、D、E、K）は脂肪に溶けて代謝されるものです。肝臓や脂肪組織に蓄積するため、過剰にならないように注意しなくてはなりません。水溶性ビタミン（ビタミンB群、C）は体液に取り込まれて代謝されます。蓄積せず、過剰分は尿として排泄されるので欠乏しやすいことがあります。

採食量が減ればビタミン摂取量も減ったり、多尿だと水溶性ビタミンが排泄されるなど、状況によってビタミン要求量に影響があります。ストレス過多もビタミン要求量を上昇させます。

ビタミンでは抗酸化作用が注目されています。ビタミンE、C、βカロテン（ビタミンAの前駆物質）に見られる、活性酸素を除去する働きのことです。体内に取り込まれる酸素は当然、生きていくために必要なものですが、その一方で細胞を酸化させてしまいます。こうした酸化ストレスを防ぎ、活性酸素を除去する働きを抗酸化作用といいます。

ウサギとビタミン

ビタミンAは、その前駆物質（その物質になる前の段階の物質）であるβカロテンが、ウサギによく与えられる野菜類には含まれています。βカロテンは腸管粘膜でビタミンAに変わります。ビタミンAは熱や光、湿度に弱く、簡単に酸化されてしまうため、ペレットなどの保存には注意が必要です。

ビタミンDはカルシウムとリンの代謝に関わり、欠乏するとくる病や骨軟化症を起こすといわれますが、ウサギはビタミンDが欠乏してもカルシウムとリンが効率よく吸収され、欠乏よりも過剰に注意が必要です。

ビタミンCは肝臓で合成されますが、ストレスによって合成がうまくいかずに血清中のビタミンCの濃度が低くなることが知られています。

盲腸便にはビタミンB群（ナイアシン、パントテン酸、B_{12}など）、ビタミンKを含んでいます。

いつでも食事が摂れるよ！

モグモグ中に目が合う?!

ビタミンの種類と役割

	役割	欠乏	過剰
脂溶性ビタミン			
ビタミンA	皮膚や骨の正常な発育と維持、視覚タンパクの構成成分、免疫作用など	新生子の死亡率が高くなる、骨の変形、夜盲症、食欲不振など	成長遅延、食欲不振など
ビタミンD	リンとカルシウムの結合に必須、骨形成、骨吸収、免疫機能など	くる病、骨の脱灰など	高カルシウム血症、石灰沈着症など
ビタミンE	繁殖に不可欠、抗酸化作用など	妊娠異常、繁殖障害、筋肉の脆弱化や麻痺免疫力低下など	（ほとんど毒性なし）
ビタミンK	血液凝固に不可欠	血液凝固時間の延長、皮膚や組織の出血	（ほとんど毒性なし）
水溶性ビタミン			
ビタミンC	コラーゲン合成、筋肉や皮膚などの強化、抗酸化作用など	（モルモットなどビタミンCを合成できない動物では壊血症）	（毒性なし）
ビタミンB1（チアミン）	炭水化物の代謝に不可欠、神経機能の維持など	食欲低下、筋肉の脆弱化、体重減少、多発性神経炎など	血圧の減少など
ビタミンB2（リボフラビン）	胚の発育、アミノ酸代謝、成長促進など	繁殖障害、胎子奇形、成長不良、運動機能障害など	（ほとんど毒性なし）
ビタミンB3（ナイアシン）	組織内呼吸の補助	皮膚の発赤、口腔内、消化管潰瘍、食欲不振、下痢など	（ほとんど毒性なし）
パントテン酸（ビタミンB5）	補酵素の構成成分、脂質、炭水化物、タンパク質の代謝、コレステロールの合成など	削痩、脂肪肝、成長不良など	（毒性なし）
ビタミンB6（ピリドキシン）	脂質の代謝や輸送、不飽和脂肪酸の合成	皮膚の発赤、口腔内、消化管潰瘍、食欲不振、下痢など	（ほとんど毒性なし）
ビオチン（ビタミンB7）	タンパク質の炭水化物への変換などの代謝など	皮膚炎、跛行など	（毒性なし）
葉酸（ビタミンB9）	アミノ酸や核酸の合成、DNA産生など	食欲不振、体重減少、貧血など	（毒性なし）
ビタミンB12（コバラミン）	プロピオン酸（脂肪酸）の代謝に必要な補酵素、アミノ酸の代謝の補酵素など	成長の停滞、貧血など	（毒性なし）

◆ミネラル

動物の体は、細かく分けていくと「元素」によって作られています。元素とはあらゆる物質の最も基本になっている成分のことです。たとえば動物の体を構成する脂質は、炭素、水素、酸素からなっています。動物の体の約95％は炭素、水素、酸素、窒素という4つの元素でできており、残りの約5％にあたるさまざまな元素のことをミネラル（無機質）といいます。

ペットフードのパッケージでは「灰分」という表示がミネラルの量の目安を示しています。

ミネラルもビタミンと同様にエネルギー源にはなりませんが、体の構成要素になり、酵素や生理活性物質として体の働きを助ける、浸透圧などの調整といった、さまざまな働きがあります。

骨や歯になるカルシウムは体の中にたくさん存在しています。このように体に比較的多く含まれるミネラルを主要ミネラル（カルシウム、リン、カリウム、ナトリウム、塩素、硫黄、マグネシウム）、ごくわずかに含まれているミネラルを微量ミネラル（鉄、亜鉛、銅、モリブデン、セレン、ヨウ素、マンガン、コバルト、クロム）といいます。

ミネラルには他の成分との相互作用があり、他の成分によって吸収が促進したり阻害されたりすることが知られています。たとえば、鉄の吸収はビタミンCがあると促進される、シュウ酸があるとミネラルの吸収が阻害されるといったものです。このようなことから、ミネラルはバランスよく摂取することが必要で、カルシウムとリンの比率は1〜2：1、カルシウムとマグネシウムの比率は2：1がよいなどとされています。

おやつをいただき！

ウサギとミネラル

ウサギのカルシウム代謝は非常に特殊です。一般に動物ではカルシウムの吸収にはビタミンDが大きく関わっていますが、ウサギはビタミンDに依存せず効率よく吸収されます。また、過剰なカルシウムが尿として排泄されるのもウサギの大きな特徴です。

また、ホウレンソウや野草のスイバ、ギシギシなどに多く含まれるシュウ酸という成分は、カルシウムの吸収を阻害すると知られています。

おいしく食べることが健康と美容のコツ！

主なミネラルの種類と役割

	役割	欠乏	過剰
主要ミネラル			
カルシウム	骨の形成や成長、血液凝固、筋肉作用、神経伝達など	成長抑制、食欲低下、後駆麻痺など	食餌効率と摂取食餌量の低下など
リン	骨と歯の形成、体液、筋肉形成、脂質・炭水化物・タンパク質の代謝など	カルシウムと同様、繁殖能力低下など	骨の損失、結石、体重増加抑制など
カリウム	細胞の構成成分、血圧の維持、筋肉収縮、神経刺激伝達など	食欲不振、成長抑制、下痢、腹部膨満など	（まれ）
マグネシウム	カルシウム、リンと同様、酵素の構成成分、炭水化物・脂質の代謝など	心機能異常、腎障害、興奮性気質、筋肉の弱化、食欲不振など	尿石、筋肉弛緩性の麻痺など
ナトリウム	体液の構成と維持、神経刺激伝達、栄養摂取、老廃物排泄など	水分調節の異常、一般状態の悪化、成長抑制、食欲低下など	（水分摂取していればまれ）
微量ミネラル			
亜鉛	酵素の構成成分と活性化、皮膚や傷の治療、免疫応答など	成長抑制、食欲不振、発毛の遅延など	（まれ）
マンガン	骨の形成、酵素の構成成分と活性化、脂質・炭水化物の代謝など	成長不良、排卵異常、新生子や胎子の異常や死亡、精巣萎縮など	（まれ）
鉄	ヘモグロビン合成、酵素成分など	栄養性貧血、被毛の乱れ、成長抑制など	食欲不振、体重減少など
ヨード	サイロキシン合成、成長と発育、組織の新生など	栄養性の甲状腺腫、被毛の乱れなど	欠乏時と同様、食欲減退など
銅	酵素成分、ヘモグロビン形成の触媒など	貧血、成長抑制、被毛の色素脱質など	肝炎、肝臓酵素の活性の増加など
セレン	酵素の構成成分、免疫機能など	筋ジストロフィー、繁殖障害など	けいれん、ふらつき、流延など
ホウ素	上皮小体ホルモンの調整、カルシウムやリンの代謝に作用など	成長抑制など	欠乏時と同様
クロム	インスリン作用を強化など	糖耐性の消失など	皮膚炎、呼吸過多など

5. 消化吸収のしくみ

食べたものが体に取り込まれるまで

食事はさまざまな栄養素が含まれていますが、それがその形のまま体内で働くわけではありません。たとえばタンパク質ならアミノ酸の形にまで消化されてから吸収されます。ここでは一般的な消化と吸収のしくみを見てみましょう。

食べたものは、消化管を通り、消化、吸収、代謝といった働きを経て栄養になります。消化酵素を分泌する胆嚢、膵臓も消化・吸収に関わっています。

1. 消化

口

口から入った食べ物は口の中で噛み砕かれ、分泌される唾液と混ざり合います（咀嚼）。唾液にはデンプン質の消化酵素アミラーゼが含まれていて、デンプン質の消化を助けます。唾液と混ざった食べ物は、食道を通って胃へと運ばれます。

胃

タンパク質の消化酵素ペプシンなどを含む胃液が分泌され、タンパク質が分解されます。また、胃では胃酸が分泌されます。非常に強い酸性なので、食べたものを滅菌する働きがあります。

十二指腸

消化管のなかで最も消化・吸収の働きをするのは小腸です。小腸のうち最初に通過する部分が十二指腸です。ここでは膵臓から膵液（炭水化物の消化酵素アミラーゼ、脂肪の消化酵素リパーゼ、タンパク質の消化酵素トリプシンなど）が、胆嚢から胆汁（脂肪の消化を助ける）が分泌され、消化が進みます。

2. 吸収

胃と十二指腸で消化され、栄養素になった食べ物は、主に空腸、回腸から吸収されます。

小腸の内側には小さな突起（絨毛）がたくさんあります。絨毛の表面にはさらに小さな微絨毛という突起があり、微絨毛の表面にある刷子縁膜という組織から栄養素が吸収されます。ここには消化酵素が多く存在し、吸収できる最小の単位に分解されながら体内に吸収されていきます。

3. 代謝

小腸から吸収された栄養素は、血管、あるいはリンパ管と血管を通って肝臓に集まります。肝臓に貯蔵された栄養素は代謝（物質が合成されたり分解されたりする化学反応）によって、エネルギー源となる、体の構成成分になる、体の機能を調節するなど、それぞれの栄養素のもつ働きが行われます。

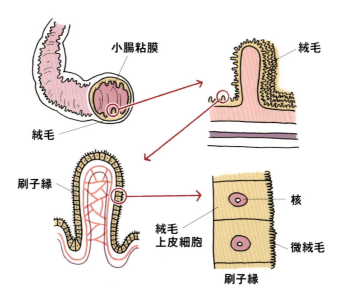

消化された栄養素は小腸内側の表面から体内に吸収される

6. ウサギの栄養要求量

ウサギに必要とされる栄養価

ウサギに対してどの栄養素をどのくらいの量で与えればいいかというデータの「正解」は、実は存在しません。ペットに必要な栄養価の指針に「NRC基準」「AAFCO基準」というものがあります。それぞれアメリカのNational Research Council（米国科学アカデミー・米国研究評議会）、American Association of Feed Control Officials（米国飼料検査官協会）という機関が発表しているペットフードの基準のことで、日本でも参考にされています。ただしそれは犬や猫のことで、ウサギに関しては1977年に「NRC基準」が発表されたあとは作られていません。それによると、ウサギに必要な栄養価は粗タンパク12％、粗繊維14％、脂肪2％となっています。ただしこれはペレットと水だけで飼育をする場合が対象の数値と考えられます。また、2004年に発表された栄養要求量のデータもあります。（157ページ参照）

現在、推奨されている数値には「粗タンパク質13％、総繊維量20〜25％、粗脂肪5％まで」、また は「粗タンパク12％、粗繊維20〜25％、脂肪2％くらい」「粗繊維18％以上、不消化性繊維12.5％、粗タンパク12〜16％、脂肪1〜4％」などがあります。

ウサギに必要とされるカロリー

一日に必要なエネルギー要求量は、「体重の0.75乗×100」(kcal) という計算式が知られています。成長期には2倍、授乳期には3倍のカロリーが必要となります。

ただしこのデータは、長生きを求められていない経済動物としてのウサギを対象としているものです。年齢や活発さ、飼育環境や体調などによってもエネルギー要求量は変化します。また、ペレットのみを食べさせるなら、パッケージの表示と与える量からカロリー計算ができますが、ペットのウサギには牧草の不断給餌が必要ですし、野菜なども与えるので、現実にウサギに食べさせるカロリーの総量を計算するのは難しいことです。エネルギー要求量はあくまでもひとつの目安として考えるといいでしょう。

参考：一日あたりのエネルギー (kcal) 摂取量

体重（kg）	維持期	成長期	妊娠初期	妊娠後期
1.4	129	258	174	258
1.6	142	284	192	284
1.8	156	312	211	312
2.0	168	336	227	336
2.5	199	398	269	398
3.0	228	456	308	456

一日に必要なエネルギー (kcal) 要求量の算出方法

健康な成体	(体重kg)$^{0.75}$×100
成長期	(体重kg)$^{0.75}$×190〜210
妊娠初期	(体重kg)$^{0.75}$×135
妊娠後期	(体重kg)$^{0.75}$×200
授乳期	(体重kg)$^{0.75}$×300

「小動物の臨床栄養学」より

part 2

ウサギと 毎日の食生活

ウサギに毎日与える基本的な食事内容は牧草、ペレット、野菜類、飲み水などです。ここではその概要を見ていきます。与えてはいけない食べ物についても知っておきましょう。また、個々のウサギがもつ食べ方の癖を把握しておくと、体調が悪いときにいつもとの違いに気づきやすくなるでしょう。

1. 定番の食事メニューと与え方

基本の食事メニュー

◆大切な日々の食事

ウサギの食事内容は時代とともに変化しています（146ページ参照）。これからもウサギの食事と栄養への知見が増えるに従ってよりよい方向へと変わっていくでしょう。ここでは2019年現在、大人のウサギに与える定番の食事メニューをご紹介します。

まずはこの食事内容を基本とし、ウサギの個性、飼い主の考え方、かかりつけ獣医師のアドバイスなどを参考にしながら、「わが家の食事メニュー」を考えていくといいでしょう。

日々の食事がウサギに与える影響はとても大きいものです。よい食習慣をウサギの暮らしに取り入れていきましょう。

◆牧草　ウサギの主食

ウサギにとって最も重要な主食となるのが牧草です。歯や消化管の健康のためにも、時間をかけて食事をするというエンリッチメントの面でも大切なものです。定番の牧草はイネ科のチモシーで、大人のウサギには一番刈りを与えるのが基本です。

【量】

イネ科の牧草であれば与える量は無制限です。いつでも食べられるように常にケージ内に用意しておきます。与えた分を食べきっていなくても、新しいものに入れ替えることで目先が変わってよく食べることもあります。

※詳しくは36〜47ページをご覧ください。

◆ペレット　栄養の補助に必須

牧草だけでは不足しがちな栄養素の補給として欠かせないものです。栄養バランスに優れています。

【量】

現在推奨されている量は、大人のウサギの場合は体重の1.5％ですが、まずは規定量を与えるようにしてから徐々に量を加減していきます。

※詳しくは48〜55ページをご覧ください。

◆野菜類　バリエーション豊富に

本来、野生のウサギはいろいろな種類の植物を食べています。食事内容のバリエーションを増やすのに、年間を通じて多くの種類を入手することのできる野菜はおすすめです。毎日、3〜4種類くらいを、種類が偏らないように選んで与えましょう。ハーブや野草もよいでしょう。

【量】

食べやすい大きさに切ったうえでカップ1杯分くらいが基本量です（大人ウサギで、体重1kgあたり）。

※詳しくは56〜66ページをご覧ください。

ウサギの基本メニュー

ウサギの一日の食事例。体重が1.4kgのウサギにペレットは21g（体重の1.5％）、牧草は食べ放題、野菜類、おやつにリンゴを与え、新鮮な水を給水ボトルで。

◆おやつ　コミュニケーションのために

体のことだけを考えれば牧草とペレット、そして野菜類を与えていれば問題はありませんが、ウサギと飼い主との楽しいコミュニケーションツールとしておやつを与える時間も楽しみましょう。

【量】
おやつの種類にもよりますが、与える量はごく少量が基本です。
※詳しくは95〜98ページをご覧ください。

◆水　いつでも飲めるように

きれいな飲み水を常に用意しておきます。給水ボトルを使って与えるのが基本です。

【量】
水分の多い野菜類をたくさん与えているとあまり水を飲まないこともありますが、飲みたいときにはいつでも飲めるようにしておきます。
※詳しくは77〜80ページをご覧ください。

食事の基本的な与え方

◆食事の時間帯と回数

本来のウサギの活動時間に合わせて、朝と夕方〜夜の2回、与えるのが基本です。

食事を与える時間はだいたい決めておくことをおすすめします。動物には「摂食予知反応」があります。いつも決まった時間に食事を与えるようにしていると、それが体内時計に刻まれ、食事の予定時間になると消化酵素の分泌が活発になるというものです。

朝よりも夜のほうが活発で消化管の動きもよいので、夜のほうが多めに与えるといいでしょう。

＜与え方の一例＞
◎朝
ペレットを一日の量のうち4割
牧草を新しくする
飲み水を新しくする
◎昼
牧草が減っていれば補充
◎夜
ペレットを一日の量のうち6割
野菜
牧草を新しくする
飲み水がなくなっていれば新しくする

◆食事内容と健康チェック

与えている食事内容がそのウサギにとって適切かどうか、日々の健康チェックを行いながら判断してください。

近年よくみられがちなのが、ペレットの量を控えめにしすぎてウサギが痩せてしまうというものです。しっかりした肉付きのよい体型を目指し、必要に応じてペレットの量を加減してください。

便の大きさが小さくなっているのは牧草を食べる量が減っている場合もあります。動物病院で診察を受けることを視野に入れつつ、牧草をよく食べてくれる工夫をしてください。

なかよく旬の味を楽しむ♡

食事バランスガイド

ウサギ

健康な人

食事バランスガイド（右）は、健康な人に対する食事の望ましい組み合わせとおよその量をイラストで示しているものです。コマの形をしていて、上から主食、副菜、主菜、乳製品と果物、軸の部分が水となっています。
これをウサギに置き換えたウサギ版食事バランスガイド（左）を作ってみました。最も多く必要なものは牧草、そしてペレットと野菜、おやつが少しだけとなっています。コマがきれいに回るようなバランスのよい食事を与えましょう。

2. ウサギに与えてはいけないもの

与えてはいけない食べ物

　人が普通に食べている食べ物のなかには、ウサギにとって毒性のあるものもあります。ウサギの食事メニューとして与えるものではない種類もありますが、リビングやキッチンで出しっぱなしにしていたものをかじってしまうなど、ウサギがこうした食べ物に接する可能性はあるでしょう。日常的に身近にある食べ物のうち、ウサギが食べてはいけないものを知っておきましょう。

　人や犬猫などでは毒性のあるものを食べたときに「吐かせる」という対処方法がありますが、ウサギに嘔吐させることは困難です。毒性のあるものをわざわざ与えないのはもちろんのこと、ウサギがそれらをかじるような状況を作らないようにしてください。

◆毒性があるもの

チョコレート

　チョコレートの原料であるカカオに含まれるテオブロミンによる中毒があります。症状は興奮、（犬などでは）嘔吐、下痢、昏睡など。高カカオチョコレートで含有量が多くなっています。

ジャガイモ（芽、緑の皮）

　芽と、光に当たって緑色に変色した皮に含まれるソラニンやチャコニンによる中毒があります。症状は吐き気、腹痛、下痢、頭痛、重症になると神経症状など。

ネギ類

　ネギ、タマネギ、ニンニク、ニラなどのネギ科の野菜に含まれる有機チオ硫酸化合物による中毒があります。症状は赤血球が破壊され、貧血を起こす、下痢など。

アボカド

　果実、樹皮、葉、種子に含まれるペルシンによる中毒があります。症状は呼吸困難や消化器症状、ウサギでは窒息死や乳腺炎など。

生のマメ

　インゲン豆などの生のマメに含まれるタンパク質の

タマネギ / クッキー / ジャガイモの芽 / チョコレート / 長ネギ / アボカド / ポテトチップス / ジュース類

一種レクチン（赤血球凝集素）による中毒があります。症状は吐き気や下痢などの消化器症状。生の大豆には消化酵素トリプシンを阻害する成分が含まれており消化不良を起こします。

バラ科の果物の種子

バラ科サクラ属（サクランボ、ビワ、モモ、アンズ、ウメ、スモモ、非食用アーモンド）の、熟していない果実や種子に含まれるアミグダリン（シアン化合物）による中毒があります。症状は悪心、嘔吐や肝障害、神経障害など。

アフラトキシン（カビ毒）

ナッツ類や穀類などに生えるカビのなかには、猛毒のアフラトキシンを発生させる有害なものがあります。強い発がん性が知られています。

◆与えるべきではない食べ物

人の食べ物（菓子、惣菜、飲み物など）

ケーキやクッキー、ポテトチップスなどのお菓子や調理済みの惣菜、加糖ヨーグルトやジュース、コーヒー、お酒などを与えないでください。糖分や脂肪分、塩分が過剰ですし、カフェインやアルコールは中毒のおそれもあります。

牛乳は、乳糖を分解できないために下痢をします。幼いウサギなどにミルクが必要な場合はペット用のものを与えてください。

故意に与えないとしても、人の食卓にウサギが容易にアクセスできるようになっているとうっかり口にしてしまうこともあります。

傷んでいるもの

腐敗したりカビが生えたものを与えないでください。生野菜や果物などを与えているときは、食べ残しを放置せずに速やかに片付けましょう。

熱すぎたり冷たすぎるもの

お湯で流動食を作ったり、冷凍しておいたものを与えるときは、熱すぎたり冷たすぎることのないようにしてください。

食べてもよい野菜をあげてね！

> **COLUMN**
>
> ### ブドウは大丈夫？
>
> 犬にブドウを与えると中毒を起こすことが知られています。ブドウやブドウの皮、レーズンを与えると急性腎不全を起こし、嘔吐下痢、尿が出なくなるなどの症状が見られます。どういったしくみで中毒になるのかはわかっていません。猫でも中毒を起こすことがあります。
>
> ウサギの場合はどうなのでしょう？ レーズンはおやつとしても市販されているものです。げっ歯目のチンチラでは、レーズンは昔から与えられている定番おやつのひとつで、糖質が多く肥満の原因になるなどの問題はありますが、中毒になるような問題は起きていません。
>
> 現時点で言えるのは、ブドウ類は糖質が多いので与えすぎてはいけないものだということと、もしブドウ類を与えたあとで具合が悪くなったら、動物病院では「ブドウを与えた」旨を伝えるようにするべきことです。

COLUMN
「いいの？ 悪いの？」の判断方法

　野菜売り場には新野菜が多く登場しています。飼育書などでは「与えてもいいもの」「与えてはいけないもの」を紹介していますが、あらゆる種類を網羅することはできません。たとえばロマネスコ、スティックセニョールなど、近年になって新種として出回るようになったものはまだ情報が少ないかもしれません。ちなみにロマネスコはカリフラワーの一種、スティックセニョールはブロッコリーの一種です。

　また、「近所のスーパーでは普通に売っているのに飼育書などには載っていない」というものが実は地域の伝統野菜ということもあります。たとえばヒロシマナは広島の伝統野菜でハクサイの一種、ミブナは京都の伝統野菜でミズナの一種です。
　「○○をあげてみたいけど、あげていいのかどうかわからない」と思ったときの判断方法の一例をご紹介します。

Step 1 それは植物ですか？
ウサギは草食動物ですから、「植物であること」が最低条件です。
NO → ウサギに与えない
YES ↓

Step 2 毒性はないですか？
植物図鑑や園芸図鑑、毒草図鑑などで毒性がないかどうか調べましょう。
毒性がある → ウサギに与えない
毒性はない →

Step 3 常識的に考えてウサギが食べそうですか？
温帯地方の草本植物や草本植物の実など、本来、アナウサギが食べているようなものですか？
いいえ／よくわからない→情報収集を続けましょう
YES ↓

Step 4 その植物と近い植物はウサギによく与えられていますか？
与えようと思っているものの近縁の植物を調べてみてください。なにかの植物の改良種だったり別名があったりすることもあります。
いいえ／よくわからない→情報収集を続けましょう
YES →

Step 5 与えている人はいますか？
その植物をウサギに与えている人が他に多くいて、問題は起きていないようですか？
いいえ→情報収集を続けましょう
YES ↓

Step 6 アクが強いものですか？
人が食べるときにアク抜きをしたり、必ず下処理するようなものですか？
はい→与えないほうがいいかもしれません
NO →

Step 7 完熟していますか？
未成熟の植物が毒性をもつケースがあります。その植物は完熟したものですか？
はい→様子を見ながら少し与えてみましょう。ただし自己責任で。
いいえ／よくわからない→情報収集を続けましょう

ロマネスコはカリフラワーの仲間

スティックセニョールはブロッコリーの仲間

京都の伝統野菜ミブナ

3. 日々の食事から得ておきたい情報

食事スタイルにも個性はある

人によって食事をするのが早かったりゆっくりだったりと、食事のスタイルは人それぞれです。ウサギでも同じようなことがいえます。そのウサギの基本スタイルを知っておけば、それと違ったときには「あれ、おかしいな？」と思えるなど、「うちの子の個性」を理解しておくことには大きな意味があるのです。

◆大好物を知っておこう

好物のなかでも最も大好きな食べ物は何かを知っておきましょう。ウサギにとって嫌なことをしたあと（爪切りなど）に気分転換やがんばったご褒美になります。

また、病気ではなくてもちょっと食欲がないかなというときに、食欲増進のきっかけとすることもできます。

その大好物が保存性の高いものなら、ぜひ災害時の避難グッズ（149ページ）にも入れておくといいでしょう。

【注意】病気で食欲がないときは獣医師の指示に従いましょう。また、大好物なのに食べないときは深刻な事態も考えられるので、早急に診察を受けることをおすすめします。

◆食べ方の癖を知っておこう

食べ方の癖には個体差があります。ケージ内に食べ物を入れたらすぐに食べ始め、ペレットをあっという間に完食するウサギもいれば、少し食べては休み、また食べ……と時間をかけて食べきるウサギもいます。人が見ているとあまり食べないウサギも、手から食べ物をもらうほうがよく食べるウサギもいます。こうした食べ方の癖を知っておくと、「いつもと違う」ことにも気がつきやすいでしょう。

◆「○○を食べると○○」を知っておこう

同じ食べ物を与えても、消化機能や代謝量は個体によって違います。「○○を与えると便が柔らかくなる」や「盲腸便を食べ残すことが多い」など、放置しておくべきでない状態を示す食べ物があれば与えるのをやめたり、違うものを与えるなどの見直しをしましょう。

生野菜を多く与えていると水を飲む量が減ったり、水分の少ないものを多く与えているとよく水を飲むといったことはよくあるものです。

ウサギによって食べ方はそれぞれ

好きなものを好きな場所でいただきます

◆変化があったらメモをとっておこう

これまでに与えたことのない野菜を与えた、ペレットの種類を切り替えたなど、食事内容がいつもと変わったときは記録としてメモをとっておくといいでしょう。

それに加えて体重や排泄物の状態といったことも記録しておくと、健康状態の変化と与えている食べ物との関係が見えてくる場合もあります。

> COLUMN
> ### 癖ではない「いつもと違う」を見逃さない
>
> 食事を与えてもすぐに食べ始めないのがいつものことだというウサギであれば、それは食べ方の癖ですが、いつもはすぐに食べるのに食べないとすれば、それは「癖が変わった」わけではなく、歯や消化管などになにかのトラブルがある可能性もあります。
>
> また、下痢をする、よだれが出ているといったことは明らかな異変です。こうしたときは速やかに動物病院で診察を受けましょう。

> COLUMN
> ### 食べ方のこんな癖あんな癖
> ◎食事を与えるとすぐ食べ始めて完食する
> ◎少しずつ食べて時間をかけて完食する
> ◎静かにゆっくり食べ進める
> ◎がっついて勢いよく食べる
> ◎必ず同じものから食べ始める
> ◎ペレットを食べたあとは必ず水を飲む
> ◎飼い主がそばにいると落ち着かないのかすぐ食べ始めない
> ◎食器に入れると食べないものでも手から与えると食べる
> ◎牧草を新しく入れ替えると引っ張って遊んでばかりいる
> ◎食器や牧草入れから落ちたものは食べない
> ◎目新しいものでもためらいなく食べる
> ◎目新しいものは食べない
> ◎昼間のほうが食欲がある

part 3

ウサギの食材大研究

ウサギの食事メニューである牧草、ペレット、野菜類にはたくさんの種類があります。ここではそれぞれの特徴や選び方、与え方などを紹介しています。健康的な食事メニュー作りに役立ててください。日々欠かせない飲み水や上手に取り入れていきたいサプリメントについても解説しています。

1. 牧草
ウサギの主食

ウサギの主食が牧草なのはなぜ？

ウサギの主食は牧草（乾牧草）です。（この本では乾牧草のことを「牧草」としています）

野生のウサギはさまざまな種類の植物を食べています。野生下と同じ食べ物を与えるのは理想的ですが、現実には入手できる食材のなかから、よりよいものを選んで与えることになります。

草食の家畜の主食として長い歴史がある牧草は、草食動物であるウサギにも最適の食べ物です。タンパク質やビタミン、ミネラルを摂取することができますし、繊維質も豊富です。よく噛まなければ食べられないので歯の適切な摩耗を助け、また、消化管内の環境を整えるのに役立ちます。

牧草は一年を通して入手が容易で、保存性もあります。さまざまな種類の牧草を取り扱っているウサギ専門店や牧草販売店も増えました。

◆定番はチモシー＆いろいろ与えて

たくさんの種類の牧草があるなかで、ウサギの主食として定番となっているのはイネ科のチモシーです。チモシーはウサギ専門店のみならずホームセンターやドラッグストアなどでも販売されており、とても入手しやすい種類です。

チモシーは古くから家畜の牧草として使われていて品質もよく、海外からの輸入量や国内での生産量も多く、流通も安定しており、牧草を代表する種類のひとつといえます。

多くのウサギがチモシーを主食としていて問題は起きていませんし、手に入りやすいことを考えても、チモシーに食べ慣れておくのはいいことです。チモシーはウサギに与える牧草のファーストチョイスといえるでしょう。

ただし、「チモシーでなくてはならない」というわけではありません。チモシーを食べないウサギならそれ以外の牧草（イネ科）を主食にしてもいいのです。栄養価はもちろん、味わいなども牧草によって異なります。いろいろな牧草から栄養を摂ることにもメリットがあると考えられますから、チモシーを中心に複数種の牧草を与えてみましょう。

牧草をたくさんおいしく食べようね！！

牧草の代表ともいえるチモシー（一番刈り）

牧草の収穫から家庭に来るまで

私たちがウサギに与える牧草の多くはアメリカから輸入されてきます。産地からわが家まで、どんな流れでやってくるのかの典型例を見てみましょう。

1．畑にて〜乾燥まで

前年に種蒔きをしたチモシーは越冬し、翌年の春〜夏に収穫となります。チモシーは多年草なので一度種蒔きをすると何年かは続けて収穫できます。

刈り取ったチモシーは、乾燥させるためにこんもりと広げて1〜2週間、天日干しをします。裏表を返すなどの作業を繰り返し、まんべんなく乾燥させます。このとき雨が降ってしまうと品質が悪くなってしまいます（カナダや日本では熱風による機械乾燥が行われるケースもあります）。

2．まとめる

乾燥させたチモシーを回収してまとめ、ベールと呼ばれる大きなキューブ状のかたまりにして、倉庫または屋外ではカバーをかけて保管します。

畑でキューブ状にまとめたものをシングルプレス（シングルベール）といい、輸送コストを抑えるために機械で圧縮したものをダブルプレス（ダブルベール）といいます。

3．燻蒸（くんじょう）

アメリカでは、日本で発生していない害虫がいるため、それが寄生するオオムギ属、コムギ属、ライムギ属、カモジグサ属の茎と葉は輸入が禁止されています。牧草にこれらの植物の茎や葉が混ざっている場合には、牧草を日本に輸入できないため、燻蒸による消毒をして、検査証明書をつけたうえで輸入が可能になっているのです。燻蒸された牧草の安全性は高いといわれています。

ただし牧草にオオムギ属、コムギ属、ライムギ属、カモジグサ属の茎と葉が混じっていなければ、燻蒸は必要ありません。

なお輸入牧草は植物検疫の対象なので、ほかの地域から輸入される牧草にも検疫は行われます。

4．輸出〜輸入

牧草はコンテナに入れられて輸出する港まで運ばれます。日本までは3週間前後かかります。日本に到着すると植物検疫を受けたり、通関手続きを行い、問題なければ、コンテナの中身を日本側の輸入業者が受け取り、飼料業者などへと流通していきます。

5．家庭へ

牧草を扱っているウサギ飼料メーカーやウサギ専門店では、かたまりで購入した牧草を扱いやすいサイズに梱包して販売します。

＜牧草への異物の混入について＞

本来その畑で栽培している牧草ではない雑草が混じったり、牧草についていた昆虫や牧草畑に住み着いていた小動物が機械に巻き込まれることや、輸入時に行われる燻蒸で死滅しない虫卵が孵化していることもあります。牧草をまとめるために使っていたビニールひもが混じってしまうこともあります。作業の随所で異物のチェックは行われますが、完全とはいきません。

異物混入を理由に返品や交換ができるかどうかはメーカーやペットショップによって異なるので、我慢できないレベルの異物混入があったときには問い合わせてください。

刈り取りを終えたチモシー。青々としたまま畑で天日干しされる（アメリカ・エレンズバーグ）

畑で直方体にまとめられた牧草。この形状で燻蒸され、輸出される

※写真提供：町田修（うさぎのしっぽ）

牧草の種類と特徴

牧草といわれるものにはとても多くの種類があります。ここでは主にウサギ専門店やウサギ用牧草ショップなどで販売されている牧草を取り上げています。

◆イネ科のおもな牧草

イネ（米）や麦など、葉が細長いのが特徴です。人や動物の食料をはじめ、さまざまな形で利用されています。野生のウサギはイネ科植物を好むともいわれます。イネ科の植物には、ケイ酸塩という物質が含まれています。この物質は歯に対して強い磨耗性があるので、イネ科の牧草を食べることで臼歯の長さを適切に保つことになります。

大人のウサギの主食には、イネ科の牧草が適しています。一般に、マメ科の牧草よりも低タンパクでカルシウムは少ないです。

シーズン最初に収穫する
チモシー一番刈り

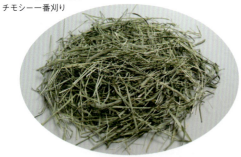

再生草を収穫する
チモシー二番刈り

収穫がさらにあとになる
チモシー三番刈り

チモシー　timothy

和名はオオアワガエリ。家畜の飼料として世界的に広く栽培され、流通量も多い牧草です。もともとは競走馬用として輸入されていたものが牛用にも使われるようになりました。嗜好性や栄養価に優れています。高さ120cmほどに生長します。

主にアメリカのワシントン州やカナダのアルバータ州から輸入され、特にアメリカのエレンズバーグという産地が有名です。冷涼で寒暖の差が大きく、乾燥した強い風が吹くという気候によって質のよいものができるのです。エレンズバーグでは一番刈りが6月中旬から8月中旬頃、二番刈りが8月中旬から9月中旬頃に生産、収穫されます。

一般にアメリカ産よりもカナダ産は茎が短めでやや柔らかく、年によって品質などに差が大きいといわれています。国内では主に北海道で生産されています。

いわゆる雑草として道端や河川敷、空き地などにも生えています。

＜一番刈り、二番刈り、三番刈り＞

チモシーには刈り取り時期によって一番刈り、二番刈り、三番刈りがあります。

そのシーズン最初に収穫するものが一番刈りです。

栄養価が最も高いのは若刈り（成熟する前に刈る）で、イネ科では穂が出始めたとき、マメ科では開花を始めたときが粗タンパク質の含有量がピークです。

チモシーは多年草なので、何年か続けて収穫が行われ、地下で根が大きな株状になっています。一番刈りの収穫を終えると、刈り取られた茎は枯れますが、新たな茎が株から生長し、新たな根ができ、再生草が作られます。これを刈ったものが二番刈りです。そのあと生長したものを収穫するのが三番刈りです。

一番刈りは十分に土壌の養分を吸収するのでミネラル豊富です。収穫回数があとになるほど粗タンパク質や粗繊維は減り、茎や葉は細く柔らかくなります。

大人のウサギには一番刈りが最適とされています。一般には二番刈り、三番刈りと進むにつれ嗜好性が高い傾向にあります。

p38～41牧草写真提供：ココロのおうち、BUNNY GARDEN（p40ウィートヘイ）、uta（p41イタリアンライグラス）

イタリアンライグラス　Italian ryegrass

　和名はネズミムギ。日本で栽培されている牧草として主要なもののひとつです。飼料価値の高い（栄養価や嗜好性が高く、扱いやすい）牧草として知られています。高さは80cmほどになります。
　いわゆる雑草として道端や河川敷、空き地などにも生えています。

イタリアンライグラス
栄養価や嗜好性が高い牧草

オーチャードグラス
香りの高い、柔らかい牧草

オーチャードグラス　orchard grass

　和名はカモガヤ。世界的に広く栽培されている牧草です。果樹園（オーチャード）の下草に用いられたことからこの名前があります。高さは50〜150cmほどになります。出穂後に栄養価が大きく低下することが知られています。香りの高い、柔らかい牧草です。
　いわゆる雑草として道端や河川敷、空き地などにも生えています。

クレイングラス　klein grass

　原産地はアフリカ。カラードギニアグラスの変種といわれています。高さ90〜120cmほどになり茎は細めで比較的柔らかく、高タンパクで消化がよい牧草です。よい香りがします。カリウムが豊富です。

クレイングラス
高タンパクでカリウムも豊富。よい香りがする

オーツヘイ　oat hay

　和名はエンバク（燕麦）。オートムギ、オーツムギともいいます。エンバクを青刈りし、飼料として乾燥させたものがオーツヘイです。ペットショップで「猫草」として販売されているものの多くはオーツヘイです。種子は「オートミール」として知られています。高さ60〜160cmほどになります。ほかの牧草と比べると糖質が多く、嗜好性も高い牧草です。

オーツヘイ
ほかの牧草と比べて糖質が多い

＜青刈り＞
　種実を利用できる作物を、飼料にするため種実ができる前に刈り取ることです。ビタミン類が多いといわれます。

ウサギの食材大研究　牧草　ウサギの主食

39

大麦　barley
　世界最古の穀物のひとつ。種子がビールや麦茶の材料や押し麦として、若葉が青汁の材料として知られていますが、牧草としても利用されます。高さは1m程度。不溶性食物繊維も豊富に含んでいます。加工された種子はウサギのおやつとしても市販されています。大麦の種子はグルテンを含みません。

小麦　wheat
　世界最古の穀物のひとつ。ウィートヘイ（茎や穂を含む）とウィートストロー（種子を収穫したあとの茎のみ、栄養価は高くない）があります。ウサギ用としては現在、ウィートヘイが市販されています。甘い香りがします。粗くて強い繊維質が特徴です。種子は胚乳部分にグルテンを含み、種子の周囲にある芒（ツンツンと尖った部分）は鋭くて危険なこともあるといわれています。

バミューダグラス　bermuda grass
　和名はギョウギシバ。芝生用の高さ15cmくらいのものと、飼料用の60cm以上にもなるものがあります。細くて柔らかく、寝床用としても優れています。硬い牧草が苦手なウサギや歯の悪いウサギにも。比較的、高タンパクな牧草です。他の牧草と比べるとセレンが多いです。

そのほかのイネ科の牧草
スーダングラス：アフリカ原産の牧草です。高さは1〜3m。低タンパクで繊維質豊富。細い茎は硬くなく、大きな葉は柔らかです。若い草には有害な硝酸態窒素が多いとする資料もあります（農作物では硝酸態窒素濃度を低下させるための土壌管理が行われています）。

トールフェスク：ヨーロッパ原産の牧草。芝草として知られています。繊維質豊富で低タンパク、カルシウム含有量も少なめです。

青刈りトウモロコシ：実ができる前に刈り取ったもので、栄養価が高い牧草です。

サザンハーブ：シナダレスズメガヤ、ウイーピングラブグラス、セイタカカゼクサともいいます。熱帯原産です。粗タンパクは6〜12％程度ですが、春と秋には嗜好性が高くなるといいます。

サマーグラス：センチピードグラスという牧草の商品名です。和名はチャボウシノシッペイ。栄養価が高く、高タンパクな牧草で嗜好性も高いです。高さ30cmほどになります。

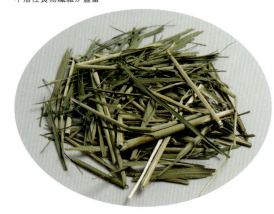

大麦
不溶性食物繊維が豊富

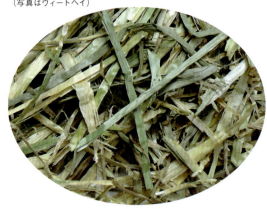

小麦
栄養価は高くなく、粗くて強い繊維質をもつ（写真はウィートヘイ）

バミューダグラス
細くて柔らかく、寝床用としても優れている

◆マメ科のおもな牧草

キク科、イネ科に次いで大きな科で、世界中に分布しています。イネ科とは葉の付き方や根の形など、さまざまな点で違いがあります。マメ科の植物はイネ科に比べて高タンパクで、牧草としては嗜好性も高いです。

アルファルファ　alfalfa

和名はムラサキウマゴヤシ。アメリカではアルファルファ、ヨーロッパではルーサンと呼ばれています。世界最古の栽培牧草です。私たちがサラダとして食べているアルファルファは、このアルファルファのスプラウト（新芽）です。生長すると高さ50〜130cmになります。高タンパクで、ビタミンAの材料になるβカロテンやビタミンB群、ビタミンKなどが多く、ミネラルのなかではカルシウムが多いです。高い嗜好性をもちます。「飼料の王様」とも呼ばれます。乾燥させるときに葉が落ちやすくなります。葉は茎より2〜3倍の粗タンパク質を含み、ビタミンやミネラルも多いといわれます。

高タンパクなことから成長期のウサギに適した牧草ですが、嗜好性のよさを利用して食欲がないときに与えたり、日頃からサプリメント感覚で少量を与えるのもいいでしょう。痩せてきた高齢のウサギに与えるのもいいことです。ただし高カルシウムですから、カルシウム尿（135ページ）を排泄する個体では制限したほうがいいでしょう。

そのほかのマメ科の牧草

クローバー（シロツメクサ）やアカクローバー（アカツメクサ）も栄養価の高いマメ科の牧草です。粗タンパクが多く、ビタミンやカルシウムが豊富です。

◆牧草のバリエーション

生牧草

乾燥させる前の牧草で、チモシー、イタリアンライグラスをはじめ、数種類が市販されています。一般的には嗜好性が高いので、ごほうびなどで与えるといいでしょう。また、野菜は食べても乾牧草は食べないという個体に、乾牧草に慣らすための橋渡しとして与えることもできます。

乾燥させていないので水分は多く、その分、同じ量で比べれば乾牧草よりもタンパク質や繊維質は少ないなど、栄養価の違いがあります。

野菜などと同様に「生もの」なので長期保存はできません。数日で使い切りましょう。

「猫草」として市販されているものはオーツヘイが多いですが、生牧草の一種といえます。

アルファルファ
「飼料の王様」とも呼ばれる嗜好性の高い牧草

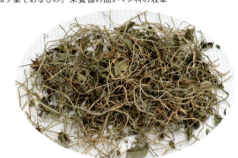

クローバー
四ツ葉でおなじみ。栄養価の高いマメ科の牧草

チモシーの生牧草

刈り取り前の
イタリアンライグラス

ミックスタイプ

　一般的には一種類だけの牧草がパッケージされて販売されますが、数種類の牧草やハーブ類がミックスされている牧草も市販されています。香りや歯ごたえなど、目先が変わるので、興味をもってくれたり、飽きずに食べてもらうことが期待できます。

ヘイキューブ

　牧草をキューブ状に固めたものでもともとは畜産用の飼料です。アルファルファキューブが多いですが、チモシーキューブも市販されています。かじって遊ぶおもちゃにもなります。牧草を食べ慣れていないウサギに、遊びながら牧草に慣れてもらうために与えるのもいいでしょう。

牧草をペレット状にしたタイプ

　ほとんど牧草だけ（製品による）をペレット状に固めたもの。ウサギを牧草に慣らすためだけでなく、牧草アレルギーのある飼い主にも助かるものです。固形配合飼料としてのペレット（48ページ参照）とは違い、主食としては作られていません。

そのほかの牧草製品

　チモシーなどを編んで作ったおもちゃや寝床などの用品があります。食べる目的のために与えるものではありませんが、ヘイキューブ同様、牧草に慣らすのに取り入れてもいいかもしれません。

ミックスタイプの牧草

アルファルファキューブ

ペレットタイプ

チモシーで作ったにんじん

チモシーの座布団

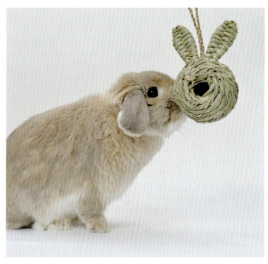

牧草のおもちゃに興味しんしん！

牧草の選び方

野菜売り場などで野菜を選ぶのとは違って、通常はすでにパッケージされているものですし、インターネット販売を利用して購入することも多く、「実際に見て確かめてから買う」ということが難しいものです。そのようななかでも以下のような点に注意することで、よりよい牧草を手にすることが可能となるでしょう。

◆おいしく食べてくれるものを

□ **牧草の種類**：大人のウサギであれば、チモシー一番刈りを中心に数種類を選ぶといいでしょう。ただし前述のようにチモシーにこだわらなくてもよいので、ウサギがよく食べてくれる牧草を見つけてください。

□ **できるだけ新しいものを**：古くなるとカビが生えたり、ダニが発生することがあります。実店舗で購入するなら下記の項目を参考に、ネットショップで購入するならできるだけ商品の回転が早そうなショップで購入するとよいでしょう。

□ **かすが少ないものを**：実際に牧草を見て選ぶ場合は、細かなかすが少ないもの、ほこりっぽくないものを選びましょう。古そうなものはカビやダニに注意して。

□ **茎が多いか葉が多いか**：栄養価が高く、一般に嗜好性が高いのは葉のほうですが、個体によっては茎が好きということもあるので、ウサギの好みがわかっているなら、好みに応じて選ぶといいでしょう。

□ **葉の色に注目**：葉の色は牧草の種類や収穫時期、乾燥方法などによっても異なります。通常は、緑〜黄緑色の葉が多いものを選びましょう。

＜牧草の茶色い葉っぱ（茶葉）＞

葉が茶色になっている牧草もあります。古い葉のようにも見えますが、ほかの葉と同じように生長した葉なのです。ただ、ほかの葉の日陰に入ってしまい、日光に当たらなかったために枯れたものです。栄養価は落ちていますが繊維質はありますし、古くなったものではないので与えても問題はありません。なかには茶葉のほうが好きなウサギもいます。一般にカナダ産チモシーは茶葉が多い傾向にあるようです。

ただし、緑色だった葉が茶色くなってきたのは古くなって変色したからです。

□ **よい香りがするか**：実際に香りをかぐことができるなら、よい香りのするものを選びましょう（現実的には購入後でないと難しいと思いますが、次回の購入の参考に）。

□ **おいしく与えきれる単位で**：牧草の包装単位はウサギ専門店や牧草ショップによって異なりますが、一般に、400〜800g程度のパッケージが最小の包装になっています（「お試しサイズ」などとして100g前後の包装のものもあります）。ほかに1kg、3kg、5kgやそれ以上の包装サイズのものもあります。通常は大容量のもののほうがお買い得な価格になっています。どのサイズをどのくらい購入するかは、適切な保存場所があるか、おいしい状態で与えきることができるかなどを考えて決めてください。小容量のものをこまめに購入するほうがいい場合もあります。

➤ COLUMN
飼い主と牧草アレルギー

イネ科の牧草は人のアレルギーの原因物質としてよく知られていて、アレルギーの検査項目にもオオアワガエリ（チモシー）やカモガヤ（オーチャードグラス）などがあります。牧草アレルギーは花粉が原因ですが、市販の牧草の多くは栄養価の高い開花期前に刈り取っているため、花粉は飛びません。牧草に発生したダニやカビ、あるいはウサギの被毛やフケなどが原因になることもあります。目に見えないような微小な牧草の粉末が原因になっている可能性もあります。まずはアレルギーの専門病院で検査を受け、必要があれば適切な治療を行いましょう。

アレルギーを発症している場合は、牧草を与える際にマスクをしたりエプロンをする、ゴーグルをつけるなど、できるだけ原因物質を吸い込んだり、体につけないようにしてください。牧草を扱ったあとはよく手を洗ったり、うがいをしましょう。部屋の換気や掃除も大切です。空気清浄機も効果的です。

カビやダニを避けるためにも新しい牧草を購入しましょう。イネ科でも違う種類にしたり、同じ種類であっても産地や収穫時期が違うとアレルギーが出ないというケースもあるので、異なる種類を試してみることもできます。牧草の粉をできるだけ減らした牧草も市販されています。家族にアレルギーをもたない人がいるなら、牧草関係のお世話はお願いしてみましょう。

どうしても牧草を与えるのが厳しい場合は、牧草をペレット状に固めたヘイキューブや牧草をペレット状にしたものなどを使用する方法もあります。

牧草の与え方

◆牧草は常にケージの中に

牧草は常にケージの中に用意しておき、いつでもウサギが食べられるようにしておいてください。大人のウサギには、イネ科の牧草なら「食べ放題」にします。

食べた量を判断するための助けとして、一度に与えるのは「2つかみ」などと決めて与えてみて、「うちのウサギはこのくらいの量だと食べきる」という目安を作っておくのもいいでしょう。

基本的には朝と夕方～夜の食事を与えるときに牧草を新しいものにするといいでしょう。ウサギによっては、新しい牧草を与えてから時間が少したつと食べなくなる個体や、牧草フィーダーから下に落ちた牧草は食べない個体などさまざまです。決まった時間以外でも、牧草を食べきったときはもちろんのこと、残っている牧草に興味を示さなくなっているようなときにも、新しい牧草を入れてあげるといいでしょう。

◆幼いうちから食べさせて

ウサギは目新しい食べ物に対して慎重になる傾向があります。幼いうちから食べさせるようにしてください。成長期には高タンパクなアルファルファが適していますが、チモシーも少し与え、慣らしておくといいでしょう。

◆さまざまな牧草フィーダー

ウサギに牧草を与える容器を一般に牧草フィーダーと呼んでいます。

ウサギによって、特定の容器から食べることを好む個体や、あちこちで食べるのを好む個体もいます。好みの形を探してあげましょう。ケージの広さにもよりますが、1ヶ所は場所を決め、もう1ヶ所はいろいろな与え方をしてみるのもいいかもしれません。

ひっぱり出して食べるタイプ

牧草フィーダーの手前が金網などになっていて、そこから牧草をひっぱり出して食べます。上部から牧草を補充するのが一般的です。ケージの外側から牧草を補充できるものもあります。

牧草フィーダーの手前側（ひっぱり出す側）が可動式のストッパーになっているタイプは、牧草が減ってきても常に牧草がひっぱり出しやすい位置になるので食べやすいでしょう。

ボックスタイプ

ボックス状の容器に牧草を入れて与えるタイプです。金網に固定できるものがいいでしょう。

そのほかの容器

ボール状の容器に牧草を入れるタイプがあります。遊びながら食べることもできます。主食としての牧草を与えるなら金属製のボールタイプでたっぷり牧草を入れて与えるといいですし、木製などの天然素材のボールタイプは、おもちゃとしても楽しめるでしょう。

牧草フィーダーと食器（ペレット入れ）が合体したタイプもあります。「ウサギ用」でなくても、かごやざるなどを使用することもできます。

容器に入れずに与える

直接ケージの床に置くこともできます。細かい牧草がケージ底の網目から落ちないよう、わら座布団などの上に置くといいでしょう。

容器の素材

木製、陶器製、ステンレス製、合成樹脂製のものなどがあります。かじり木兼用として売られている木製牧草フィーダーもあります。

牧草を引き出して食べるタイプ

牧草を引き出すタイプ。横置きでも縦置きでもOK

ボックス状の牧草フィーダー

金属製のボールタイプ

◆設置にあたっての注意点

□牧草入れなどの食器は、トイレとは離れたところに設置するのが基本です。

□側面に取り付けるタイプのなかには、ウサギの顔に近い位置に牧草が飛び出してしまうこともあります。飛び出した牧草がウサギの目を傷つけることがないよう、気をつけてあげてください。

□牧草のある位置が高かったり、牧草を入れる部分の手前にスペースができるタイプの容器だと、子ウサギや小柄なウサギ、高齢のウサギは食べにくいこともあります。ボックスタイプを併用するなど、楽に牧草を食べられる環境作りをしてください。

□新しい牧草フィーダーを設置したあとは、体に負担なく、ストレスなく十分な牧草を食べられているかを観察しましょう。

◆与え方の注意点

□牧草の細かいくずやほこりは落とし、異物は混じっていないか、かびや嫌なにおいはしないかも確認しながら与えます。市販の牧草には乾燥剤あるいは脱酸素剤が入れてあるのが一般的です。うっかり牧草と一緒につかんで出してしまわないよう気をつけましょう。

□牧草が排泄物で汚れたり、抜け毛がからまったりしていたら捨ててください。

□与えている牧草の種類を変えたいときは、少しずつ加えていくようにして、急に変えないようにしましょう。腸内細菌叢（そう）のバランスが崩れたり、見知らぬ牧草だと拒絶することもあります。

□立っている状態の牧草を食べるのが好きなウサギ、ひっぱり出して食べるのが好きなウサギ、牧草がきれいに揃っているほうが好きなウサギなど、食べ方の好みはさまざまです。食べやすそうに食べられているかよく観察しましょう。

□牧草フィーダーで、牧草を入れる部分の手前に余裕があるものは、こぼした牧草の受け皿になるので無駄が出にくいですが、子ウサギや小柄なウサギだとそこに入って排泄してしまうようなこともあります。ボックスタイプでも起こることです。汚れた牧草は捨て、容器ににおいが残らないよう十分に洗浄し、乾燥させてください。どうしても排泄してしまう場合は、別のタイプの牧草フィーダーを。

□牧草をどの程度食べているかは、牧草フィーダーの中身の減り具合だけでなく、ケージ内に散らかった分や、底に落ちた分なども見て確認しましょう。

＜無駄をおそれず、無駄を減らす＞

　ウサギにとって最も大事な食べ物である牧草をしっかり食べてもらうためには、廃棄する牧草があるのもしかたがありません。無駄をおそれずに新しい牧草を十分に与えてほしいと思います。

　とはいえ、減らせる無駄があるならそうしたいところです。

　たとえば、牧草を引っ張り出しながら食べるタイプの牧草フィーダーだと、そのときにこぼれ落ちる牧草がケージの網の下に落ちてしまったりします。こうしたことを避けるには、牧草フィーダーの下に、牧草を食べるときの邪魔にならない程度の大きさの容器を置いて、こぼれた牧草がそこに入るようにする方法があります。容器に落ちた牧草を食べることもあります。

　ボックスタイプであればできるだけ牧草の向きを揃えると、きれいに食べてくれることもあります。

　牧草をひっぱり出す部分の間隔が狭いとひっぱり出しにくいですが、広いとこぼれ落ちる牧草が増えるので、適当な間隔のものを探しましょう。

　牧草をひっぱり出しては食べずに落としてばかりいるときは、遊んでいる場合もありますが、そもそもその牧草が気に入っていない場合もあるかもしれません。別の種類の牧草を試してみるのもいいでしょう。

ウサギの食材大研究　牧草　ウサギの主食

牧草は好きなように好きなだけ食べさせて

牧草の保存方法

　牧草をおいしくたくさん食べてもらうには、保存方法も大切です。牧草は水分が少ないぶん、野菜や生牧草に比べればはるかに傷みにくく保存性が高いですが、光や酸素、湿気などにさらされると劣化が進み、嗜好性も落ちます。

　牧草には賞味期限などの記載がないものもありますが（表示義務はない）、期限がないからといっていつまでも劣化しないわけではありません。開封後は1～2ヶ月を目安に使い切るようにするといいでしょう。

　湿気を吸うなどして古くなり、よい香りもしなくなった牧草はウサギがよく食べてくれなくなってしまいます。カビが生えたものを与えたりすれば健康面での害も起こります。

◆毎日与える分

　ウサギに毎日与える分の牧草は、一般的なパッケージ（400～800g程度）で購入している場合はそのままで保存すればいいでしょう。与えたあとはできるだけ袋の空気を抜き、チャック付きの袋ならしっかりチャックを閉じ、チャックが付いていない袋なら市販の食品袋用クリップなどを使うといいでしょう。乾燥剤や脱酸素剤が入っていなければ、購入して入れてください。袋は温度変化があまりなく、日が当たらず、できるだけ涼しい場所に置いておきます。

　数キロ単位の大きな容量のものを購入している場合は、適当な量（多くても1～2ヶ月分くらい）を密閉できる袋や容器に移し替えて使いましょう。大容量のパッケージをそのつど開けていては、劣化が進みます。

数キロ単位の大きな容量の牧草なら、
適当な量を密閉できる容器などに取り分けよう

◆大容量の保存方法

　数キロ単位の大容量で購入した牧草は、使い切るまでの保存期間が長くなるので、周辺環境の水分を吸い込んでカビが生えたり、ダニがわいたりしないよう、より注意を払って保存するようにしましょう。

　密閉できるパッキン付きの米びつやカメラ保存用のドライボックス、あるいは布団圧縮袋を利用する方法があります。布団圧縮袋は吸引の手間がかかることや尖った牧草で袋に傷がつく可能性なども考えると、保存したい牧草のうち半分は布団圧縮袋で保存し、あとはドライボックスなどで保存しておくと、毎日与える用の袋や容器への移し替えも楽でしょう。

　保存時には乾燥剤や脱酸素剤を入れます。乾燥剤は水分を吸収し、脱酸素剤は酸化を防ぐために酸素を吸着し、防カビ・防虫効果があります。いずれも食品保存用に市販されていますが、カメラ保存用の強力乾燥剤は効果が高いでしょう。乾燥剤と脱酸素剤の両方を使う場合には接触させると効果が低下するので、離して入れるようにします。

◆牧草のお悩み～牧草を食べてくれません

　最初に除外しなくてはならないのは「病気があるために食べない（食べられない）」というケースです。歯にトラブルを抱えているケースもあります。おかしいなと思ったら動物病院で診察や治療を受けてください。ここでは、病気ではないことを前提にします。

牧草以外の食べ物の量を減らす

　ウサギは、積極的に牧草が好きでなければ後回しにし、おやつやペレット、野菜類などでお腹がいっぱいになり、牧草を食べないのです。おやつの与えすぎは控え、ペレットは推奨量にするようにしましょう。

急に牧草の種類を変えない

　牧草の種類を変えるときはいきなりすべてを切り替えず、少しずつ以前の牧草に混ぜていき、時間をかけて切り替えるようにしてください。

◆牧草を食べてもらうための工夫

好きな種類を探す

　同じチモシーでも一番刈り、二番刈り、三番刈りがあり、産地の違い（アメリカ産、カナダ産、国産）で嗜好性も異なります。購入先を変えるという方法もあります。輸入してからの保管期間や扱い方などの違いがあると考えられるからです。

　また、シングルプレスかダブルプレスかという違いもあります。

チモシー以外の牧草を与える

チモシー以外のイネ科牧草もウサギの主食になります。ウサギ専門店や牧草ショップによってはお試し用の小サイズもあるので、試してみてください。

噛みごたえの違う牧草を与える

茎は繊維質が多いので噛みごたえがあり、葉や穂は柔らかくて食べやすく、嗜好性が高いのが一般的です。短いカットタイプが好きということもあります。

「おもちゃ」として取り入れる

牧草で編んだボールなどを転がしながら遊んだりして、かじって食べることを知ってもらうこともできます。柔らかく長い牧草を編んだり縛ったりしてもOK。

こまめに交換する

与えてから時間がたった牧草は食べず、新しい牧草を入れることでまたよく食べるウサギもいるものです。

与えるタイミングを考える

朝、ペレットや野菜などを与える前に牧草を新しいものに交換し、牧草だけしか食べるものがない時間を少し作ってみる方法もあります。

部屋で走って遊んだあとなど、運動したあとには消化管の動きも活発になり、食欲が増してよく食べることもあるでしょう。「おやつ」のように手から与えることで興味をもってくれることもあります。

牧草フィーダーや牧草の入れ方を変えてみる

ひっぱり出して食べるよりも下に置いてある牧草のほうがよく食べるなど、入れ方にも好みがあります。

ひと手間かけてみる

香りのよいパリパリと歯ごたえのよい牧草を好むウサギは多いものです。購入から少し時間がたっている牧草の香りを立たせる方法がいくつかあります。

日差しが強くて湿度が低く、風が強くない日の日中、ベランダに牧草を広げて天日干しをしてみましょう。

電子レンジで加熱する方法も知られていますが、発火することもよくあるので、行うなら十分に注意してください。

また、葉や茎の途中を手でちぎったり揉むと、少し香りが出ます。茎をビンの底などで軽くこすったり叩いたりしてから与える方法もあります。

◆甘やかさない

体調不良や病気、高齢といった事情がなく、健康な大人のウサギが牧草を食べようとしないなら、「甘やかさない」というのもひとつの対処方法です。

数時間は、ケージの中に牧草しか食べるものがない状態にし（水は必要です）、飼い主は「食べてくれるかしら」と気にしてウサギに注目したりせず、放っておくという方法です。飼い主がウサギの様子を気にしてばかりいると、ウサギがおやつに期待してしまうことにもなります。ウサギとの根比べです。牧草を食べたらほめてあげましょう。

【注意】なにも食べない状態があまりにも続くのはよくありません。朝に牧草だけを入れて飼い主は外出、夜まで戻らない、となると（ウサギがかたくなに牧草を食べない場合は）食べない時間が長すぎます。夕方に牧草だけを入れ、夜、飼い主が就寝するくらいの時間まで続けるくらいがいいでしょう。

牧草以外の食べ物でお腹いっぱいにしない

牧草を使ったおもちゃが好きかも！

好みの部位を見つけよう

与えるタイミングを工夫しよう

2. ペレット 補助的な主食

量は少しでも重要度は主食レベル

◆ペレットを与える目的

　ペットに与える固形の配合飼料のことを一般にペレットといいます（ウサギ用のペレットはラビットフードとも呼ばれますが、この書籍ではペレットとします）。

　ウサギにペレットを与える大きな目的は、栄養バランスのよい食事を与えるため、主食である牧草だけでは不足しがちな栄養を補給することにあります。

　一般に、ウサギ用のペレットは、牧草や穀類などを粉砕したものにビタミンやミネラル、そのほかの栄養素を添加したものです。近年ではウサギを健康に長生きさせることを目的としたペレットが各メーカーで研究開発され、とても多くの種類のペレットが市販されるようになっています。

　ペレットは、栄養面の重要度を考えると牧草と並ぶ「主食」のひとつといえますが、食べ放題を推奨する牧草とは違い、与える量には制限があります。

ペレットのタイプと特徴

◆主な原材料（アルファルファ／チモシー）

　多くのペレットの主原料は牧草で、アルファルファミールやチモシーミールが原材料として使われています。「ミール」とは粉状や粒状になっているものをいいます。

　一般にアルファルファを主原料にしたペレットのほうが、嗜好性が高くて高タンパクです。大人のウサギにアルファルファが主原料のペレットを与えている場合は、チモシーなどのイネ科の牧草を十分に与えるようにしてください。成長期や妊娠中など栄養価の高い食事が必要なウサギにはアルファルファが主原料のペレットが適しています。

　イネ科の牧草をあまり食べないウサギにはチモシーが主原料のペレットがよいでしょう。

主な原材料別ペレット

アルファルファが
メインの主原料に
なっている

チモシーが
メインの主原料に
なっている

砕けやすさ別のペレット

ソフトタイプ

ハードタイプ

＜牧草以外の原材料＞

原材料にはそのほかに、穀類、糟糠(そうこう)類、豆類や添加物などがあります。

穀類：一般にペレットとして固めるためのつなぎとして、トウモロコシ、小麦、大麦、エンバクなどが使われます。小麦の胚乳にはグルテンが含まれます。コーングルテンフィードやコーングルテンミールは、トウモロコシからデンプン（コーンスターチ）を製造するときに出る副産物です。トウモロコシのグルテンは小麦グルテンとは異なります。

糟糠類：米ぬか、ふすま（小麦のぬか）、麦糠（大麦のぬか）やホミニーフィード（トウモロコシのぬか）などのことです。タンパク質と繊維質、ビタミンが多いです。

豆類：大豆や大豆皮・脱脂大豆（いずれも大豆から油をとるときに出る副産物）、おから（大豆から豆乳をとった残り）、きなこ（大豆を焙煎して粉砕）などがあります。大豆はタンパク質や脂質を多く含みます。

ほかに、ビートパルプは、テンサイ（サトウダイコン）から砂糖を精製して糖分を滲出(しんしゅつ)した残りです。消化されやすい繊維が多く含まれます。タピオカ澱粉(でんぷん)はキャッサバというイモのデンプンです。

＜グルテンフリーとは＞

原材料の牧草を固めるのに小麦粉が使われていることが多いのですが、小麦粉には、特有のタンパク質であるグルテンが含まれています。パン生地やうどんなどの粘りの正体がグルテンです。グルテンの多給はウサギの消化管の動きを悪くする一因にもなります。そのため、グルテンフリーのペレットが製造販売されるようになっています。

＜添加物＞

ペレットの添加物には、栄養バランスを整えるためのビタミン、ミネラル、アミノ酸などの栄養添加物や、品質を一定に保つ品質保持のための添加物などがあります。

添加物のなかには酸化防止剤のBHAやBHT、エトキシキンなど危険性が知られたものもあります（ペットフード安全法では使用基準が定められている）。しかし酸化したペレットを食べると健康上の問題があり、酸化防止することは重要です。そこでペレットの酸化防止剤としては天然由来のトコフェロール（ビタミンE）、ローズマリー抽出物などが使われています。

※ペットフード安全法については152ページを参照。

◆ソフトタイプ／ハードタイプ

ペレットには「ソフトタイプ」と「ハードタイプ」があります。製造する際に「発泡」という工程があるのがソフトタイプです。ソフトといってもふにゃふにゃと柔らかいわけではなく、いわば固めて作っているハードタイプと比べると砕けやすいものです。ペレットの主流はソフトタイプです。

ソフトタイプは砕けやすい分、食べる際に歯根にかかる負担は少ないのですが、臼歯で繊維をすりつぶすという動きをあまり必要とせずに食べられるという点では、ハードとソフトで大きな違いがないといわれています。

牧草をあまり食べないウサギで、ペレットを食べるときに十分に臼歯を使うことを期待したい場合は、繊維が大きく砕けやすいものを与えるといいでしょう。

ライフステージ別ペレット

成長期用
（グロース）

維持期用
（メンテナンス。
大人のウサギ用）

高齢期用
（シニア）

グルテンフリータイプ

◆ライフステージ別／オールステージ

　成長段階ごとに適した成分で作られているライフステージ別ペレットがあります。一般的には、成長期用（グロース）、維持期用（メンテナンス。大人のウサギ用のこと）、高齢期用（シニア）という段階に分かれ、成長期用はタンパク質やカルシウムが多め、高齢期用はカロリーをおさえてあるなど、メーカーごとにさまざまな特徴があります。

　「必ずライフステージごとに切り替えなくてはならない」というわけではありません。ウサギのなかには食べ慣れたペレットから別のものに切り替わることで、食べなくなってしまうこともあるからです。ライフステージ別ペレットを使う場合は、同じメーカーのシリーズなら基本的な原材料が共通しているので切り替えやすいでしょう。

　ライフステージ別ではなく、オールステージというタイプもあります。成長期から高齢期までどのライフステージにも与えられるペレットです。切り替えに苦労しなくてすみます。それぞれのライフステージに必要な栄養バランスに対応するには、量を加減したり牧草などで調整するといいでしょう。（詳しくは「ライフステージ別の与え方」114〜122ページ参照）。

◆そのほかの目的別ペレット

　そのほかにもさまざまな特徴あるペレットが販売されています。

　ライトタイプは、太りぎみの傾向にあるウサギ用に低カロリーでタンパク質控えめなペレットです。毛球症対策タイプは、植物油脂を配合したり高繊維で、飲み込んだ毛球症の排出を促すペレットです。品種ごとあるいは被毛の特徴などに着目した品種別や長毛種用のペレットもあります。

◆ミックスタイプのラビットフード

　ペレットのほかに乾燥野菜や穀類などが混ざったミックスタイプのラビットフードがあります。ペレットの原材料や成分、そしてほかに混ざっている食材がすべてウサギの主食として適していて、与えた必要量をウサギがまんべんなく食べるなら、ミックスタイプも選択肢のひとつになりますが、なかなかそうはいきません。ウサギは好きなものから食べていきますから、ペレット以外のものを先に食べてしまうなどバランスよく食べてはくれません。ミックスタイプのフードを与える場合には十分な配慮が必要です。

目的別ペレット

毛球症対策タイプ

品種別タイプ（ロップイヤー用）

オールステージ

成長期から高齢期まで切り替えのないタイプ

品種別タイプ（ネザーランドドワーフ用）

ライトタイプ（太りぎみ傾向のウサギ用）

ペレットの選び方

◆そのウサギに適していますか？

ウサギに必要な栄養価が含まれたペレットかどうかは、パッケージに記載された成分表示を見て確認します。ウサギに必要な栄養価は下記の表の通りです。

また、ライフステージ別を選ぶなら年齢に合ったものを選びます。ライフステージ別にこだわらない場合、成長期にはアルファルファが主原料のものを与えてください。健康な大人のウサギにアルファルファが主原料のペレットを与えてもさしつかえありませんが、その場合にはイネ科牧草を十分に与えてください。

太りやすい大人ウサギにはライトタイプや低カロリー、チモシーが主原料のものがいいでしょう。また、牧草をあまり食べないウサギにはチモシーが主原料のものを与えるほか、牧草をペレット状にしたものも補助的に与えるといいでしょう。

また、最近ではグルテンやデンプンの少ないものが注目されています。ウサギの消化管への負担が少ないという理由によります。

◆パッケージの表示は適切にされていますか？

原材料や成分、賞味期限、与え方（量）の表示や、どういった目的のフードか（主食なのかおやつなのか）などが書かれていることを確認しましょう。

＜パッケージの表示について＞

パッケージの表示内容はペレットを選ぶ際の重要な決め手のひとつです。ところが実は、ウサギ用のペレットに関しては規定がありません。ドッグフードとキャットフードに関しては、ペットフード公正取引協議会が定めた「ペットフードの表示に関する公正競争規約」によって定められています。

ラビットフードを製造している日本のメーカーの半数ほどはペットフード公正取引協議会に加盟しており、ドッグフードやキャットフードに関しては公正競争規約を遵守しているはずですので、ラビットフードに関しても公正競争規約の規定を取り入れていることを期待したいところです。

ウサギに必要な栄養価

①	粗タンパク質13%	総繊維量20〜25%	植物由来の脂肪が2.5％含まれていればよく、ほかに与えるなら5％まで
②	粗タンパク12%	粗繊維20〜25%	脂肪2％くらい
③	粗タンパク12〜16%	粗繊維18％以上	不消化性繊維12.5％、脂肪1〜4％

※ウサギに推奨されている栄養価の数値は資料によって多少異なっています。目安として参考にしてください。

【参考】
「ペットフードの表示に関する公正競争規約」による必要表示事項
①ペットフードの名称／商品名、対象動物。
②ペットフードの目的／「総合栄養食」「間食」「療法食」「その他の目的食」。
③内容量
④給与方法／総合栄養食の場合は、成長段階、体重、給与回数と給与量。
⑤賞味期限
⑥成分／粗たんぱく質（○％以上）、粗脂肪（○％以上）、粗繊維（○％以下）、粗灰分（○％以下）、水分（○％以下）を記載。
⑦原材料名／原則として使用したすべての原材料を記載。添加物以外は重量の割合の多い順に、添加物は加工助剤（加工の際に使われるが最終的な製品には影響を与えないもの）を除いてすべて記載。
⑧原産国名／「国産」か具体的な原産国名（最終加工工程を完了した国）を記載。
⑨事業者の氏名・名称、住所

■保証成分
たんぱく質‥‥‥‥‥‥‥‥‥‥‥ 13.0％以上
脂質‥‥‥‥‥‥‥‥‥‥‥‥‥‥‥ 2.0％以上
粗繊維‥‥‥‥‥‥‥‥‥‥‥‥‥‥ 22.0％以上
灰分‥‥‥‥‥‥‥‥‥‥‥‥‥‥‥ 11.0％以下
水分‥‥‥‥‥‥‥‥‥‥‥‥‥‥‥ 10.0％以下
カルシウム‥‥‥‥‥‥‥‥‥‥‥‥ 0.6％以上
リン‥‥‥‥‥‥‥‥‥‥‥‥‥‥‥ 0.4％以上
代謝エネルギー‥‥‥‥‥‥ 235kcal以上/100g

■原材料名
チモシーミール、小麦粉、アルファルファミール、小麦ふすま、脱脂大豆、ホミニーフィード、植物抽出発酵エキス、コーングルテンフィード、殺菌処理乳酸菌、ミネラル類（食塩、硫酸亜鉛、硫酸銅、硫酸コバルト、ヨウ素酸カルシウム）、アミノ酸類（DL-メチオニン）、ビタミン類（コリン、ナイアシン、B6、E、パントテン酸、A、B2、葉酸、ビオチン、D3）、甘味料（ソーマチン）

ペレットのパッケージに記された成分と原材料名の例
（バニーセレクション メンテナンス／イースター）

<総合栄養食>

ドッグフード、キャットフードの場合、総合栄養食と記載できるのは、ペットフード公正競争規約で定める分析試験や給与試験を行っているものに限られると同規約で定義されています。新鮮な水と一緒に与えるだけで、それぞれの成長段階における健康を維持することができるように、理想的な栄養素がバランスよく調製されているものです。ラビットフードでは総合栄養食の定義はありません。

<「粗」と以上・以下について>

成分の表示に「粗」とついているのは、成分の分析をする際の保証精度を示しているものです。たとえば粗タンパク質には、純粋なタンパク質のほかにアミノ酸などの成分も測定されていることから、粗という言葉が使われています。

粗タンパク質と粗脂肪はエネルギー源などとして重要なので、最低でも必要な含有量を保証しますという意味で「以上」と表示されています。粗繊維と粗灰分は、書かれている値よりも多く含まれているとその分カロリーが低下するなど必要な栄養が摂取できなくなるため、この量が最大ですという意味で「以下」と表示されています。

◆そのほかのポイント

□パッケージやメーカーのホームページなどで、ペレットの特徴やコンセプトなども見てみましょう。

□クチコミも重要な情報源ですが、ウサギには個体差もありますし、ペレットのほかに何をどのくらい食べているかなどによっても違いますので、そうした背景まで読み解きながら参考にするといいでしょう。

□遮光性や密閉性の高いパッケージ、チャック付きのパッケージは保存しやすいでしょう。開封すると劣化が進むので、容量の小さいものをこまめに買うというのもいい方法です。

□輸入品のペレットもありますが、正規代理店が扱っているものを選ぶといいでしょう。並行輸入品は質が悪くなっているおそれがあります。

□目新しい食べ物を警戒するウサギは、ペレットを違う種類に変えると食べなくなってしまうことがあります。購入を決める時点で見きわめるのは難しいですが、すぐに廃番になったりせず、ずっと与え続けることができるものを選びたいところです。

ペレットはさまざまありますが、パッケージに書かれた表示項目をよく確認しましょう

ペレットは安定のよい食器で食べさせてあげましょう

ペレットの与え方

◆与える量と回数

与える量

一日に与える量の目安はペレットのパッケージに書かれています。体重1kgあたり40gほどや、体重の5％という表示がよく見られます。体重1.5kgだとすると前者なら60g、後者なら75gとなります。

ところが大人のウサギに与えるペレットの量として現在推奨されているのは一日あたり体重の1.5％です。体重1.5kgなら22.5gとなり、かなり量に違いがあります。まずは規定量を与えて徐々に量を加減しましょう。

ペレットは栄養補給のために欠かせない食べ物ですが、ウサギにとってはイネ科の牧草を食べることもとても重要です。ペレットの量は控えめにし、その分牧草を十分に食べてもらう必要があります。

成長期にはペレットをしっかりと食べさせるようにしますが、生後半年を過ぎた頃からペレットの量を制限しはじめます。（詳しくは「ライフステージ別の与え方」114～122ページ参照）。

与える回数

朝と夕方～夜の2回が基本です。朝は一日に与える量のうち4割、夜に6割与えるなど、活発で消化管の動きもよい夜に多めに与えます。よく食べる時間帯が別にあるなら、その時間に多めに与えるようにしてもよいでしょう。

◆何種類与えるか

ペレットは、そのペレットと牧草、水を与えることでウサギに必要な栄養を摂ることができるよう研究開発されています。品質のよいペレットであればその一種類のみを与えることになんの問題もありません。

ただ、日頃から複数のペレットを食べる習慣をつけておくことにもメリットがあります。

ひとつは、目新しい食べ物を食べたがらないウサギへの対策です。一種類のみのペレットだけ食べていると、生産中止など何らかの理由で入手できなくなったときに困ります。ウサギによっては同じ製品でも原材料のわずかな変化や、ロット（製品を生産する単位）が変わって食べなくなることもあります。

また、災害時に流通がストップしていつものペレットが購入できない、配給されるペレットがいつものものと違う、ということもあります。

何種類のペレットを与えるにしても、与える量はペレットすべてを合わせた量で考えてください（体重の1.5％で2種類与える場合、それぞれ1.5％ではなく、2種類合わせて1.5％です）。

◆与える方法

ペレットは食器に入れて与えます。トイレから離れた位置に置くのが基本です。食器には床に置くタイプ、ケージの側面にとりつけるタイプがあります。床置きタイプは、ウサギがひっくり返したりしない重みのあるもの、陶器製やステンレス製などがよいでしょう。中を掘ってペレットを撒き散らすウサギもいます。側面にとりつけるタイプのほうが、多少床から高さがあるので撒き散らしにくいでしょう。設置する際は、ウサギが食べやすい高さかどうかを確認しましょう。

ペット用の自動給餌器もあります。時間と量を設定しておくと自動的に出てくるタイプやスマホで遠隔操作できるタイプ、ライブカメラがついているものなど種類がありますが、犬猫用として作られているものがほとんどです。自動給餌器の使用を考えているなら、まずは動作の様子を飼い主がよく確認してください。

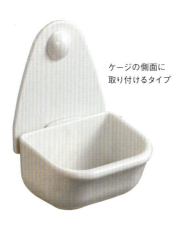

ケージの側面に取り付けるタイプ

床に安定して置けるタイプ

◆ペレットの切り替え

切り替えの基本は、それまでに与えているペレットを少しだけ減らし、その分、新しく与えたいペレットを加えるようにするという方法です。徐々に新しいペレットの割合を増やしていくようにします。1割くらいから始めて1週間から10日くらいかけるというのがよく行われている方法ですが、日頃の食事の様子からかなり頑固に新しいものを受け付けないタイプならもっと少量ずつ、時間をかけるといいでしょう。それまでのペレットを普通に与え続けながら、新しく与えたいペレットを砕いてふりかけ状にして、においや味に慣らしていく方法もあります。

新しいペレットだけ食べ残すのを見ると心配になり、今までのペレットを補充したくなってしまいますが、ウサギは賢いので、「これを食べなければいつものペレットが出てくる」と学習します。健康な大人のウサギで、牧草を食べているなら（絶食状態になるのではないなら）、今までのペレットを補充せず、新しいペレットを与え続けてください。

新しくウサギを迎えた場合

新しく迎えたウサギに、以前与えられていたものと違うペレットを与えたいと思っても、まずは以前と同じペレットを与えるようにしてください。ウサギが新しい環境に慣れて落ち着いてきてからペレットの切り替えを行いましょう。

ライフステージ別の切り替え

ライフステージ別のペレットを与えている場合は、成長期用から維持期用へ、維持期用から高齢期用へと切り替えることがあるでしょう。同じシリーズのペレットを利用すると切り替えしやすいものです。（詳しくは「ライフステージ別の与え方」114〜122ページ参照）。

なんでも食べるウサギの場合

目新しい食べ物でも、ものおじせずに食べるウサギもいます。しかしペレットが変われば原材料も変わります。腸内細菌叢のバランスが崩れるおそれもあります。ペレットを変えるときはある程度の時間をかけてください。

◆与え方の注意点

□ペレットを与える量は、ウサギの体格や便の状態などを見ながら判断してください。痩せすぎているウサギには、現在推奨されている「体重の1.5％」という数字は当てはまりません。しっかりした肉付きを維持できる量のペレットが、その個体の適正量です。

□給水ボトルから食器に水が垂れてペレットが湿らないようにしましょう。野菜など水分のある食べ物はペレットと別の容器で与えてください。

□朝に与えたペレットが夕方まで残っていたら、そこに補充するのではなく新しいものに入れ替えてください。食べ残す理由も考えてみましょう。

□ペレットを与えたらすぐ食べきるウサギもいれば、時間をかけて食べ終わるウサギもいます。いつもすぐ食べるのになかなか食べないのは歯や消化管に問題がある可能性があります。食事を与えたときの食べ具合を観察しましょう。

ペレットの切り替えの基本

全体の1割くらいから切り替え始め、1週間から10日間で完了

新しいものを頑固に受け付けないウサギには

切り替えの量をもっと少なく、時間をかける

新しいペレットを砕いて、それまでのペレットにふりかける

ペレットの保存方法

ペレットは開封したそのときから劣化が始まります。空気に触れる、日光が当たる、高温多湿といった環境が劣化の原因となります。劣化するとビタミンが破壊されたり酸化が進みます。ペレットを与えたあとはできるだけ空気を抜くようにしながらパッケージのチャックをしっかり閉め、なるべく温度変化のない場所、日光が当たらない場所、できれば涼しい場所に置いておきましょう。パッケージにチャックがついていない場合は、市販の食品袋用クリップなどを使って密閉します。パッケージごと米びつなどの密閉容器で保存するとなおよいでしょう。

保存場所として向いているのは「冷暗所」ですが、冷蔵庫で保存するのは避けてください。出し入れする際の温度差が大きいですし、それによって結露し、劣化が進んでしまいます。

ウサギに毎日与えるペレットの量は多くはないので、開封後、使い切るのに時間がかかります。一般に開封後は1～1ヶ月半くらいで使い切ることが望ましいといわれますが、なかなかそうはいきません（1.5kg入りのペレットを一日に20ｇずつ与えると使い切るまでに75日かかる）。念入りに保存したい場合は、できるだけ空気に触れる機会を作らないように、開封したらすぐに分けておくのもひとつの方法です。

ペレットのお悩み

◆同じペレットなのに食べなくなった

まったく同じ種類のペレットなのに、新しく購入したものを与えても食べてくれないということがあります。健康状態に問題がなかったとしても、慎重な個体には起こりえるものです。

ロットが変わった

ロットが違うことが原因のひとつでしょう。ロットは製造にあたっての最小単位で、同じロットなら同じ原材料で作られています。ロットが違うと、同じ種類でも原材料の収穫時期が違う、仕入先が違うなど、なにかが違う可能性があります。ウサギはそれに気がつき、「いつもと違う」と食べなくなるのです。

慎重なウサギの場合には、同じ種類のペレットでも、新しいペレットを切り替えるときのように少しずつ、与える量を変えていく方法をとったほうがいいことがあります。

どうしても新しく購入したものを食べてくれず、以前のペレットをすでに使い切っている場合は、もしロット番号がわかればペットショップやメーカーに問い合わせて同一ロットのものを入手する方法もあります。ロット番号の記載がない場合、賞味期限が同じなら同一の原材料の可能性があるでしょう。

こうしたことのないよう、日頃からなるべく多くの食材に親しませ、新しい食べ物に対するハードルを低くしておくことが大切です。

ペレットの管理の問題

きちんと封をしていなかったために湿気を吸ってしまうなど、ペレットの保存方法に問題があって食べなくなることがあります。適切な保存を心がけましょう。

飲み水がない

給水ボトルからきちんと水が出ていてウサギが飲めているかを確認してください。飲水量の不足でペレットを食べたがらないこともあります。（飲み水については77ページ参照）

ペレットの保存方法の一例。使い切るまで繰り返し開封することを避けるため、最初に2週間分ずつを小分けにして密閉保存し、それを1袋ずつ使っていく。

3. 野菜
副食として毎日少しずつ

野菜を与えたい理由

「ウサギの食事は牧草とペレットだけでよい」という意見もありますが、この書籍ではウサギに野菜を与えることをおすすめします。牧草などと違い、「与えなくてはならないもの」ではありませんが、「積極的に与えたほうがいいもの」だと考えます。その理由は以下のとおりです。

食べられるものの幅を広げられる

ウサギが食べてくれる食材は多いことが望ましいので、なるべくいろいろなものを与える機会を作りたいものです。野菜なら簡単に多くの種類を手に入れることができます。

食欲があまりないときに与えたり、クセのある野菜を投薬に利用するなどもできたりするので、いろいろな野菜を食べるウサギになってもらうことは大切です。

自分で選べる安心感

野菜売り場に並ぶ野菜のなかから、新鮮さなどを吟味して自分の目で見て選ぶことができます。産地や品種を選ぶことができる場合もあります。

ビタミン・ミネラルの供給源

生野菜はビタミンやミネラルの供給源になります。牧草やペレットにも含まれているので、種類によっては与え方に注意が必要ですが、抗酸化作用のあるビタミンCの補給などが期待できます。

水分の供給源

消化管の働きなどのために水分は重要です(77ページ参照)。給水ボトルなどで飲み水は与えますが、あまり給水ボトルから飲まないウサギもいます。生野菜は水分が多く、よい供給源になります。ただし生野菜を食べ慣れていないウサギに、急にたくさん与えたりしないでください。

食の楽しみを与えられる

味や香り、歯ごたえが異なるさまざまな野菜を食べることは、ウサギにとっても嬉しく、また目先も変わって楽しめるのではないかと考えられます。

一緒に楽しめる

ウサギに与えているものと同じものを飼い主も食べることができます。野菜売り場で見つけた珍しい野菜を「ウサギにあげられるかな?」と考えたり、旬の食材を見つけて「ウサギに買ってあげよう」と思ったりと、飼い主も楽しむことができるでしょう。

機能性成分に期待

ポリフェノールなどの機能性成分が多くの野菜に含まれ、人では抗酸化作用などの効果が期待されています。

◆野菜は「人のため」に作られたもの

野菜は、人が食べるために品種改良されたものです。

一般に野菜とは、田畑に栽培されるもの、副食物であるもの、加工を前提としないもの、草本性(木ではなく草っぽいもの)であるものを指しています。ほとんどの野菜は、ある野生種を原種として人が品種改良したものです。それによってさまざまな変化が起きました。ひとつは食味が人の好みになったということです。甘味が増えた、辛味や苦味が減った、歯ざわりがよくなった、水分が増えた、繊維質が軟弱になったといった点です。野菜を与えるにあたっては、こうした点も知っておいたほうがいいでしょう。

野菜を食べたあとの体調もよくチェックしよう!

野菜の種類と特徴

※ここで示している健康効果は主に人でいわれているものです。

アブラナ科

キャベツ

古くは甘藍（かんらん）ともいいます。最古の野菜のひとつで、青汁の原料として知られているケールを原種に品種改良されました。

ビタミン様物質のビタミンU、別名キャベジンが豊富です。胃腸薬の商品名としておなじみですが、本来はキャベツから発見された成分の名前で、胃炎や潰瘍の修復効果が知られています。

キャベツの外葉と芯にはビタミンCが、外側の緑の葉にはβカロテンが多く含まれます。外葉は内側に比べると不溶性の繊維が多くなっています。

テンサイ（ヒユ科。砂糖大根のこと）や、キャベツ、ブロッコリー、アスパラガスなどに含まれるラフィノースというオリゴ糖は、キャベツでは芯に多く含まれます。人では消化されにくくガスの原因になるといわれる一方、大腸でビフィズス菌を増やすともいわれます。適量を与えるぶんには問題ないでしょう。

抗酸化作用や免疫力を高める作用も知られています。

一年を通して出回りますが、春の新キャベツは葉が柔らかで水分が多く、冬キャベツは甘みがあります。紫キャベツの色素はアントシアニンによるものです。

旬は、春キャベツは3〜5月、春秋キャベツは7〜8月、冬キャベツは1〜3月です。

＜グルコシノレート＞

アブラナ科の野菜にはグルコシノレートという成分が含まれています。この成分が変化すると、甲状腺腫を誘導したり、甲状腺が肥大化する働きのあるゴイトロゲンになることが知られています。そのため、アブラナ科の野菜をたくさん与えないほうがいいという意見があります。

しかしグルコシノレートにはがんの抑制作用など健康効果も知られており、人を対象とした研究では、アブラナ科の野菜をよく食べていると死亡リスクが低下するという結果があります。

ウサギに多量のキャベツを数週間にわたって与え続けたりしなければ問題はありません。キャベツをはじめとしたアブラナ科の野菜は栄養価も高いものですから、多くの量を継続して与えなければ問題ないと考えられます。

コマツナ（小松菜）

緑黄色野菜の代表格です。βカロテンやビタミンC、B群、Eが豊富で、鉄、カリウムも多く含みます。特にカルシウムは野菜のなかではトップクラスに多く含みます。旬は冬場です。ツマミナはコマツナやカブなどの若芽を生長する前に収穫したものです。

大好きなコマツナをパクッと！

チンゲンサイ（青梗菜）

　チンゲンサイはハクサイの仲間で、日本での中国野菜の代表格です。βカロテンやビタミンCが豊富で、カルシウム、鉄も多く含んでいます。抗酸化作用も知られています。
　旬は秋から冬です。

クレソン

　阿蘭芥子、水芥子、西洋芹とも呼ばれます。肉料理の付け合せによく使われ、辛味があります。βカロテン、ビタミンC、カルシウム、リン、鉄などのミネラルも豊富です。シニグリンなどの成分に消化促進作用があることが知られています。
　旬は春です。

> ウサギの食材大研究
>
> 野菜　副食として毎日少しずつ

ミズナ（水菜）

　日本特産の野菜で、京菜とも呼ばれる京野菜のひとつです。βカロテン、ビタミンCや、カルシウム、鉄、カリウムが豊富です。食物繊維も多く含みます。
　旬は冬場です。
　ミズナの仲間ミブナ（壬生菜）も、ウサギに与えることができます。

ルッコラ

　和名はキバナスズシロ。ロケットサラダとも呼ばれます。
　ゴマのような香りとわずかな辛味、苦味があります。βカロテン、ビタミンCやE、鉄分、カルシウムが豊富です。高い抗酸化作用が知られています。
　旬は4～7月、10～12月です。

ときには
お外でいただきます

58

カブ（蕪）葉

　古くから日本で栽培されています。漬物でよく知られている聖護院カブをはじめ、全国でさまざまなカブが作られています。実より葉のほうが栄養価が高く、βカロテン、ビタミンB1、B2、Cやカルシウムが豊富です。
　旬は3～5月、10～12月です。

ダイコン（大根）葉

　古くから日本で栽培されている野菜です。葉のほうが栄養価が高く、βカロテン、ビタミンC、カルシウムが豊富です。
　ウサギには葉を与えるのが一般的です。根の部分は食べるなら与えても問題はありませんが、水分は多いです。
　旬は7～8月、11～3月。
　切り干しダイコンもウサギに与えることができますが、水分がなくなる分、栄養価は凝縮され、生のダイコンと比べるとカリウム約14倍、カルシウム約23倍、食物繊維16倍、鉄分49倍とかなり栄養価が高くなります。カルシウムの多給を控えなくてならない個体にはおすすめできません。

ラディッシュ

　ハツカダイコン（二十日大根）ともいいます。ダイコンの仲間です。赤くて丸いタイプが日本ではポピュラーですが、細長くて表面が赤いタイプ（ピーターラビットが食べている絵がおなじみ）などさまざまな品種があります。消化吸収を助け、皮の赤い色素アントシアニンは抗酸化作用をもちます。
　真冬を除いて、通年栽培されています。

ブロッコリー

　和名はメハナヤサイ（芽花野菜）。野生のキャベツを改良して作られました。葉のほか茎、花蕾（からい）（一般に人が食べる部位）を与えられます。βカロテン、ビタミンB群、Cやクロム、カリウム、カルシウムが豊富です。
　スルフォラファンという成分に抗酸化作用や解毒作用が知られています。
　旬は冬場です。
　ブロッコリーの突然変異から作られたカリフラワーもウサギに与えられます。カリフラワーはビタミンCやB群が豊富で、旬は冬場です。
　ブロッコリー、カリフラワーともに、花蕾にはデンプン質や糖質が葉野菜より高いので、与えるなら少量にしましょう。

ウサギの食材大研究　野菜　副食として毎日少しずつ

セリ科

ニンジン(人参)

ウサギの好物だとよく思われているニンジン。実はニンジン嫌いのウサギもけっこういますが、栄養価の高い野菜のひとつです。

西洋ニンジンと東洋ニンジンに大きく分けられ、一般的によく売られているのは五寸ニンジンといい、西洋ニンジンの仲間です。

βカロテンが豊富なのがニンジンの特徴です。βカロテンには強い抗酸化作用があります。ニンジンのオレンジ色はβカロテンの色素によるものです。βカロテンの多い野菜を食べていると、色素が排泄されて赤っぽい尿をすることがあります。金時ニンジンの色素はリコピン、紫ニンジンはアントシアニンです。

通常、根だけで売られていることが多いですが、葉も与えられます。葉もβカロテン、ビタミンC、カルシウムが豊富です。

根にはスクロースというショ糖を多く含みます。糖質が多いので与えないほうがいいという意見もありますが、βカロテンをはじめ栄養成分も豊富なので、糖質制限をされていない限り、過度でなければ問題ありません。

旬は生産地によって4〜7月、11〜12月です。

ニンジンは葉にも栄養たっぷり

ウサギの食材大研究 野菜 副食として毎日少しずつ

セロリ

和名はオランダミツバ。ヨーロッパや中東で古くから用いられ、ギリシャ、ローマでは薬や香料として使われていた歴史をもちます。ハーブで知られているスープセロリは、セロリの原種といわれています。

クセのある香りで人の好き嫌いは分かれますが、クセのある野菜が好きなウサギも多く、セロリも好まれる野菜です。香りが強いので、薬を飲ませるときなどに利用できる野菜のひとつかと思われます(ほかにオオバなども)。

βカロテン、ビタミンC、B群や、カルシウム、カリウム、鉄分が豊富です。特に葉に栄養があり、βカロテンが多く含まれます。抗酸化成分、整腸作用、利尿作用、強壮作用が知られています。

アピインという成分には精神を安定させる働きが、ポリアセチレンには抗酸化作用が知られています。

旬は11〜6月です。

<ファイトケミカル>

ファイトケミカルは、フィトケミカルとも呼ばれる植物に含まれる物質のひとつで、多くは独特の色や香りのもととなっています。抗酸化作用などがよく知られています。

金時ニンジンのリコピン、紫ニンジンのアントシアニンのほか、トマトのリコピン、ブドウのポリフェノール、ブルーベリーのアントシアニン、柑橘類のリモネンなどもあります。

ミツバ(三つ葉)

　日本では野草として食べられてきました。一年中出回っている糸ミツバ、茎に光を当てないようにして白く柔らかく育てる根ミツバ(旬は春から初夏)などがあります。
　βカロテン、ビタミンCや鉄分が豊富です。抗菌作用や抗酸化作用、免疫力を高める作用や鎮静作用などが知られています。

パクチー

　和名はコエンドロといいます。英語ではコリアンダー、中国語では香菜と書いてシャンツァイ、タイ語ではパクチーといいます。
　βカロテン、ビタミンC、B群や、カリウム、カルシウムが豊富です。好き嫌いが大きく分かれる独特の香りは、カプリアルデヒドという成分です。消化促進作用などが知られています。
　旬は3〜6月です。

セリ(芹)

　日本原産で、春の七草のひとつです。βカロテン、ビタミンC、B群が豊富です。カリウムも多く含まれます。独特の香りがあります。薬用植物として、食欲増進効果をはじめ多くの効能が知られています。
　旬は冬、初春〜初夏です。

アシタバ(明日葉)

　「明日葉」という名の由来は、生長が早く、今日摘んでも明日には若芽が伸びることからきています。独特の味と香りがあります。房総半島、三浦半島、伊豆諸島などの温暖な太平洋沿岸地域には自生しています。
　βカロテンやビタミンC、B群、E、カルシウム、鉄などが豊富です。抗酸化作用などが知られています。
　旬は2〜5月です。

ウサギの食材大研究　野菜　副食として毎日少しずつ

> キク科

サラダナ(菜)

　レタスの仲間で、料理のつけあわせとしてよく使われています。脇役というイメージがありますが、実はレタスよりも栄養価に富む緑黄色野菜です。食物繊維、βカロテン、ビタミンCやカルシウム、カリウム、鉄分などが豊富です。
　旬は4～9月です。

サニーレタス

　レタスの仲間で、リーフレタスと呼ばれるもののひとつです。葉先が赤紫になるものをサニーレタスといいます。赤紫色の正体は前述のファイトケミカルであるアントシアニンです。
　旬は春から秋です。

シュンギク(春菊)

　関西ではキクナとも呼びます。βカロテンをコマツナやホウレンソウより多く含み、ビタミンB₂、C、鉄、カルシウムも豊富です。ビタミンCは中葉、芯葉、外葉、側枝葉、茎部の順に多くなっています。
　独特の香り成分には、リラックス効果や消化促進の効果などが知られています。
　旬は晩秋から春先にかけてです。

＜レタスの仲間＞

　レタスの仲間には、レタスやサラダ菜のような結球タイプ(丸くボール状に葉がつく。サラダ菜は結球する前に収穫されています)と、サニーレタスやロメインレタスのような結球しないタイプ(リーフレタス)、サンチュのように生育するにつれて葉をかきとっていくタイプなどがあります。ほとんどのレタスの仲間が、レタスよりも栄養面では優れています。
　同じレタスの仲間でも、サラダ菜やリーフレタスは緑黄色野菜ですが、レタスやロメインレタスは緑黄色野菜ではありません。
　レタスは、栄養価が低い、水分が多いなどの理由で「小動物に与えてはいけない」といわれることの多い野菜のひとつですが、たくさんでなければ特に問題はありません。以前に「レタスには催眠作用がある」と話題になったことがありますが、催眠作用のあるラクチュコピクリンという成分はワイルドレタスに含まれているものです。

ウサギの食材大研究　野菜　副食として毎日少しずつ

シソ科

オオバ（大葉）

青ジソのことで、梅干しを漬けるときに使う赤ジソの変種です。βカロテン、ビタミンC、カルシウムが豊富です。香り成分であるペリルアルデヒドには、抗菌作用や防腐作用などが知られています。

旬は夏から秋。

2匹ともオオバが大好き

◆そのほかの野菜

そのほかにウサギに与えることのできる野菜には以下のようなものがあります。

アブラナ科：ハクサイ（ビタミンCやカリウムが豊富）、タアサイ（βカロテンなど。硝酸塩が多い）、ナバナ（菜の花のこと。特にビタミンCが豊富）、ほかにサントウサイなど

セリ科：パセリ（βカロテン、ビタミンC、カルシウムなどが豊富。妊娠中、腎臓疾患では禁忌とされる）、ホワイトセロリなど

ツルムラサキ科：ツルムラサキ（真夏が旬。βカロテン、ビタミンB群、C、カリウム、カルシウムなどが豊富）

ナス科：トマト（抗酸化作用のあるリコピンが豊富。葉や茎、未熟な実に多く含まれるトマチンという成分は毒性があるので、与えるなら完熟したものを）

ほかには野菜や豆類などの新芽であるスプラウト（発芽野菜）は高い栄養価が知られています。アルファルファやブロッコリー、ルッコラ、オオバなどいろいろな種類があります。ベビーリーフは野菜の若い葉のことで、使われている野菜はさまざまです。

> **COLUMN**
> ### 「野菜は水分が多いからダメ」？
>
> 野菜を与えないほうがいいといわれる理由も見ておきましょう。
>
> 水分が多いので下痢をするとよくいわれます。実際、水分は多いです。しかしウサギが日常的に飲み水をたくさん飲んでいてもそれが原因で下痢をすることはないでしょう（下痢をするとしたら他に原因があるはずです）。水をたくさん飲んだときに変わるとすれば尿が増えることです。野菜もたくさん食べていると尿量が増えることはよくあります。
>
> ウサギが野菜で下痢をするとすれば、ひとつは急に大量に与えたために腸内細菌叢のバランスが崩れたか、あるいは大量の尿で不衛生な環境になったことによって引き起こされるのではないでしょうか。もちろん個体差はあるので、様子を見ながら与えることは必要です。

新鮮な野菜をたくさんもらってご満悦！

野菜の与え方

◆与える種類と量

大人のウサギには、毎日、3～4種類、食べやすい大きさに切ったものを、体重1kgあたりカップ一杯分程度を与えるのが目安となります。量は野菜や野草を合わせて「大人のにぎりこぶし大」とする資料もあります。

流水でよく洗い、十分に水を切ってから与えます。傷んでいる部分は取り除いてください。

野菜を入れる食器は、ウサギがひっくり返さないよう、重みがあるものやケージ側面に取り付けるものを使います。ペレットが湿るのを避けるため、ひとつの食器にペレットと野菜を一緒に入れないようにします。

消化管が活発に動いている夕方～夜に与えるのが基本です。朝に少し与え、夜に多めでもよいでしょう。

また、食事のひとつとして食器に入れてケージ内に置くのではなく、おやつとして飼い主が手から与え、コミュニケーションを楽しむのもいい方法です。

◆与え方の注意点

□食べ残しの野菜はいつまでも放置せず、傷む前に捨ててください。

□ひとつの種類の野菜だけを大量に与え続けるのは避けたほうがいいでしょう。

□与える量が日によって極端に違うことのないようにしましょう。

□与える野菜は、バランスがとれていれば少しの種類でもたくさんの種類でも問題ありません。牧草やペレットを十分に食べていて、排泄物の状態もよいなら、与える量は多くてもいいでしょう。

□若い頃からさまざまな野菜を与え、食べてくれるものを増やしましょう。ただし、幼いウサギは消化管の働きが不安定なので、野菜を与え始めるのは生後3～4ヶ月過ぎから。まずはひとつの種類を少量ずつ与え、体調も見ながら種類を増やしていってください。

□大人のウサギでも同様です。急に食事内容が変化すると腸内細菌叢のバランスが崩れやすいので、野菜を食べ慣れていないなら、大人であっても体調を見ながら少しずつ取り入れてください。

ウサギ柄の食器、かわいいでしょ！

◆野菜のバランス

さまざまな野菜の特徴を考え、偏りがないようバランスをとることを考えましょう。

前述のようにアブラナ科にはグルコシノレートという成分が含まれています。よい面も悪い面も知られていますが、アブラナ科ばかりに偏らないようにしておくといいでしょう。

土壌から吸い上げられて野菜に含まれる硝酸塩という成分があります。人では硝酸塩と発がん性についての研究が行われていたり、海外ではかつてホウレンソウを離乳食にした乳幼児の死亡事故が多かったこともありました。反芻動物では硝酸塩中毒が知られています。農林水産省では野菜の硝酸塩について研究し、硝酸塩濃度の低い野菜を作る方法をまとめたマニュアルを作るなどしています。人では普通に食べている分には健康被害はないと考えられています。

含有量は季節や栽培条件などによっても大きく異なります。太陽に十分に当たらないと溜まりやすく、露地栽培では硝酸塩が少ないことがわかっています。

野菜にはよい面もたくさんあります。硝酸塩が多い野菜ばかりたくさん与えないことに気をつけながら与えるとよいでしょう

カルシウムは大切な栄養素ですが、過度になりすぎないほうがよいので、カルシウムが多い野菜ばかりたくさん与えないようにします。

また、ウサギに与える野菜には葉菜類（葉物野菜）とそれ以外、ニンジンのような根菜類、ブロッコリーのような果菜類をあります。ウサギには生野菜のうち葉菜類を75％にするとよいといわれます。

一例として右図のように野菜類（野草を含む）を6つに分類してみました。それぞれの分類から偏りなく選んで与えるというのもいいでしょう。

アブラナ科
キャベツ、クレソン、
ラディッシュ、
ブロッコリー（葉）、
ナバナ、ハクサイなど

セリ科
パクチー、セリ、
セロリ、アシタバ、
パセリなど

キク科ほか
サニーレタス、
サンチュ、レタス、
タンポポ、ノゲシ、
アザミなど

硝酸塩が多めの野菜類
コマツナ、ルッコラ、
シュンギク、セロリ、
チンゲンサイ、ミツバ、
サラダナなど

カルシウムが多い野菜類
パセリ、ダイコン葉、カブ葉、
ニンジン葉、バジル、オオバ、
ヨモギなど（ほかにコマツナ、
シュンギク、チンゲンサイも
カルシウムが多い）

葉菜類以外の野菜類
ニンジン（根）、
ブロッコリー（花蕾、茎）など

野菜のお悩み

◆野菜を食べてくれない

　ウサギにとって野菜は必須ではありませんが、前述のように食べてくれたほうがよいものです。いろいろな種類を試してみて、興味がありそうなものを探ってみましょう。そこから食べてくれるものが広がるかもしれません。葉をちぎることで香りが出るので興味をもってくれたり、ひとつの野菜でも部位が異なると食いつきが違うこともあります（セロリの茎は食べないが葉は食べるなど）。
　乾燥野菜、生牧草や野草などを入り口にしてみるのもいいでしょう。
　ただし、「食べてくれない」ということで飼い主がストレスを感じるなら、「野菜はあげない」というのも選択肢のひとつです。

◆野菜ばかり食べて牧草やペレットを食べない

　ウサギを野菜だけで飼うことは不可能ではありませんが、体を維持し、健康に飼うためにはとても多くの野菜を、それもさまざまな種類を与え続けるのは非常に大変なことです。それだけではありません。牧草やペレットを食べてくれないと、ペットホテルに預けたり動物病院に入院させるとき、人に預けるときなどに大変不便です。また、災害時のために避難グッズを用意するときにも困ります。
　日々の食事で野菜を多く与えるのはよいですが、牧草やペレットも食べてくれるようにしておきましょう。たとえば、いったん野菜を与える量を徐々に減らしていって、牧草やペレットにも興味をもたせてください。牧草は生牧草からはじめるといいかもしれませんね。飲み水が足りなくてペレットを食べないこともありますから、たとえ野菜を多く食べているために水をあまり飲まなくても、必ず水は用意しておきましょう。場合によってはペレットを湿らせたほうが食べてくれることもあります。

ウサギの食材大研究　野菜　副食として毎日少しずつ

市販の乾燥野菜

多くの種類の乾燥野菜が市販されています。ここまでに取り上げた野菜の多くが乾燥タイプも手に入れることができます。味や歯ごたえの変化をウサギにも楽しんでもらいましょう。

乾燥のさせかたにはいくつかの種類があります。天日干しは太陽光で干すものです。フリーズドライは真空凍結乾燥といわれ、冷凍した素材を真空で乾燥させて水分を昇華させる（氷から水蒸気に変わる）ものです。冷風乾燥は冷たく乾いた空気を用いて乾燥させるものです。

＜乾燥タイプのメリット＞
・生野菜より保存性が高い
・水分が減り、栄養や味が凝縮されるので、甘みが強くなるなど嗜好性が高まる。
・同じく、繊維分は増える。

＜乾燥タイプの注意点＞
・きちんと保存しないと湿ったりして劣化する。
・天日干ししたものだとビタミンAやCは減少する。
・栄養が凝縮されているので、与えすぎには注意する。

ダイコン

ニンジン

レタス

トマト

パセリ

ハクサイ

写真提供：うさぎのしっぽ、リーフ（Leaf Corporation）

4. ハーブ・野草類

ハーブ・野草類を与える意味

　植物のなかには薬草といわれるものがあります。薬草に体を癒やす成分があることは古くから知られていました。日本の神話「因幡の白兎」で、ウサギの傷んだ皮膚の治療に大国主命が使ったガマの穂は蒲黄という薬草です。ここでは、薬草という側面をもつハーブ、野草をまとめて取り上げています。

　薬効成分があるということは、有用な反面、大量に与えたり、種類によっては体に悪影響が起きる可能性もあるともいえます。ハーブや野草は、ウサギの食生活に必須ではありません。薬効は穏やかに効くものではありますが、慎重さは必要です。

　とはいえ、特に野草は本来ウサギが食べているものに近いものでもあり、注意しつつも取り入れていくのはいいことです。基本的な食事をきちんと与えたうえで、サプリメント感覚で少量を食事メニューに加えたり、おやつ程度に与えることに問題はありません。

　ただし、すでになにかの病気を発症しているなら動物病院で治療を受けてください。薬効成分が治療薬と相性が悪いこともあるので、ハーブや野草を与えている場合は先生に相談をしたほうがいいでしょう。ハーブや野草の薬効成分を利用してウサギの病気を治療したいと思う場合は、いわゆる自然療法に詳しい獣医師の指導を受けるなど、専門的な知識が必要です。

　なお、ハーブの取り入れ方には生や乾燥したものを食べるほか、ハーブティーにしたり精油を使うといった方法もありますが、ここでは生や乾燥したものを食べることを前提にしています。

　ここで示している効果や効能は各種ハーブ・野草関連の資料によったもので、その効果を保証するものではありません。

ハーブ・野草類の種類と特徴

アップルミント（シソ科）

　和名はマルバハッカです。ミントにはペパーミントとスペアミントがあり、リンゴに似た甘い香りのするアップルミントはスペアミントの仲間です。

　ペパーミントには消化促進、殺菌、鎮痛、リフレッシュ効果などがあります。人では胆石がある場合に禁忌、また妊娠初期に過度の摂取は禁忌とされています。スペアミントはペパーミントより刺激は少なく、抗菌、鎮痛作用があります。

ミントが
大好きなんです

バジル（シソ科）

　和名はメボウキです。一般に売られているのはスイートバジルです。古代ギリシアでは「王様の薬草」と呼ばれていました。食欲増進、抗菌、抗炎症、利尿、駆風（消化管内にたまったガスの排出を促進すること）などの作用があります。バジルに含まれるエストラゴールという香り成分には発がん性があり、長期間にわたって与え続けることや、妊娠中・授乳中の過剰摂取は避けたほうがいいでしょう。

イタリアンパセリ（セリ科）

　つけあわせ野菜としておなじみのパセリはカールドパセリと呼ばれる種類です。イタリアンパセリはその栽培変種で、葉は巻かずに平らです。強い香りがあります。駆風、血圧降下、栄養補給、利尿作用などがあります。妊娠中、腎臓疾患では禁忌です。

カモミール（キク科）

　和名はカミツレです。ジャーマンカモミールとローマンカモミールがありますが、一般にカモミールというとジャーマンカモミールのほうをいいます。「ピーターラビットのおはなし」の中で、お腹を痛くしたピーターにお母さんが飲ませたのが、カミツレを煎じたお薬でした。
　カモミールの花は、もむと甘いリンゴの香りがします。精神的緊張を和らげ、抗炎症、抗菌、鎮静、駆風、鎮痙などの作用があります。お腹がゆるいときにも使われます。妊娠中には禁忌です。

レモンバーム（シソ科）

　メリッサともいいます。和名はセイヨウヤマハッカです。レモンに似た香りがします。古くは不老長寿薬として使われたこともあります。鎮静、鎮痛、抗ウィルス、甲状腺機能低下、血圧降下、抗けいれん、抗うつ、駆風などの作用があります。妊娠中、甲状腺機能低下症には禁忌です。

ローズマリー（シソ科）

　和名はマンネンロウです。若返りのハーブといわれ、実際に人ではアルツハイマーの予防効果が知られています。抗酸化作用や神経を和らげる効果、消化不良への効果、抗うつ、抗けいれん、駆風、鎮痛、血行促進、抗菌などの作用があります。妊娠中は禁忌です。

タンポポ（キク科）

　全国に広く自生する代表的な野草のひとつです。カントウタンポポ、エゾタンポポ、カンサイタンポポなど地域で種類が異なります。セイヨウタンポポとの交雑種が多くなっています。花の基部を覆う総苞（萼にあたる）が反り返っているのがセイヨウタンポポです。ハーブとしては「ダンデライオン」として知られています。

　葉にはタンパク質、ビタミンA、C、カリウム、カルシウムが豊富です。花や葉には、目に良いサプリメントとして知られているルテインが含まれます。根も有用で、生薬「蒲公英根」として使われ、肝臓や胆嚢に穏やかに作用します。根を使ったタンポポコーヒーはノンカフェインの飲み物として人々に飲まれています。

　強い利尿作用のほか、血糖降下、抗菌、食欲増進、消化促進、健胃、抗炎症、血液の浄化などの作用があります。緩下作用もあり、与えすぎると便がゆるくなることがあります。

ノゲシ（キク科）

　人里周囲の道端や荒れ地によく見られます。ノゲシはノゲシ属で、ハルノノゲシとも呼ばれます。それより大きいアキノノゲシ（アキノノゲシ属）もあります。浄血、解毒、解熱作用や、腫れ物、胸やけ、神経や目の強壮に用います。

シロツメクサ（マメ科）

　クローバーとも呼ばれます。公園や土手などに生えています。止血、去痰、鎮静などの作用があります。多給すると鼓腸になるので注意が必要です。

　近縁のレッドクローバー（和名はムラサキツメクサ）もハーブとして用いられます。血液浄化、利尿、去痰、強壮、抗けいれん、栄養補給、抗潰瘍などの作用があります。レッドクローバーは妊娠中・授乳中、出血時・手術前は禁忌です。

オオバコ（オオバコ科）

　全国どこででもよく見かける身近な野草です。生薬では全草を「車前草」、種子を「車前子」といいます。

　ビタミンC、A、Kが豊富です。収斂（タンパク質を変性させて組織や血管を締める作用）、止血、鎮痛、消炎、抗菌、抗ウィルス、抗腫瘍、抗酸化、体内粘膜の潤滑、鎮咳、利尿などの作用があります。妊娠中は、種子は禁忌です。

　ハーブのランスロットは近縁のヘラオオバコの品種のひとつです。ヘラオオバコには抗菌、抗ウィルス、抗酸化、鎮痛、鎮痙などの作用が知られています。

一面のシロツメクサ、思わずパクリ

ウサギの食材大研究　ハーブ・野草類

ハコベ（ナデシコ科）

　日当たりのいい道端や野原などに生えている、よく知られた野草です。ハコベラとして春の七草のひとつです。鳥の餌として与えることからヒヨコグサ、ハーブとしてはチックウィード（ひよこの草という意味）ともいいます。鎮静、粘膜保護、利尿、強壮、止血、鎮痛、抗菌、解毒などの作用があります。安全性の高いハーブといわれています。

ナズナ（アブラナ科）

　道端や畑、野原などの日当たりのいい場所に生えています。春の七草のひとつです。種子の入ったハート型の袋が三味線のバチのような形をしていることや三味線の音からペンペン草とも呼ばれます。ハーブとしてはシェパーズパース（羊飼いの財布という意味）といいます。
　抗菌、殺菌、利尿、消炎、収斂、止血、強壮、血圧降下、血流促進、解熱、子宮収縮などの作用があり、下痢に効果があるといわれます。妊娠中には禁忌です。

ヨモギ（キク科）

　荒れ地や土手などに群生しています。草餅やお灸のもぐさとして古くから使われています。葉は生薬として「艾葉（がいよう）」といい、抗菌、消炎、鎮痛、収斂、止血、血行促進、血圧降下などの作用があります。

◆そのほかのハーブ、野草

マリーゴールド（ポットマリーゴールド）：キク科。和名はキンセンカ。カレンデュラともいいます。抗炎症、抗菌、鎮痛、駆風、解毒などの作用があります。エディブルフラワーです。妊娠初期には禁忌です。

セージ（コモンセージ）：シソ科。和名はヤクヨウサルビア。長生きのハーブとも呼ばれます。抗酸化、抗真菌、抗炎症、抗菌、収斂、抗菌、抗けいれん、駆風、消化促進などの作用があります。妊娠中は禁忌です。

エキナセア：キク科。和名はムラサキバレンギク。パープルコーンフラワーともいいます。免疫賦活、抗菌などの作用があります。ステロイド剤や抗生物質を投与しているときには作用が相殺されるので注意します。

タイム：シソ科。和名はジャコウソウ。抗菌、駆風、抗けいれん、鎮咳、去痰、収斂、駆虫などの作用があります。妊娠中は禁忌です。

フェンネル：セリ科。和名はウイキョウ。腸内のガスを排出、胃痙攣の鎮静、母乳分泌の促進、消化促進、栄養補給、抗菌、鎮咳、鎮痙などの作用があります。

ラズベリーリーフ：バラ科。ラズベリーはキイチゴの仲間です。鎮静、鎮痙、収斂、栄養補給、利尿、緩下などの作用があります。妊娠中は禁忌です。乾燥が不十分な葉を与えてはいけないとする資料があります。新鮮なものか十分に乾燥させたものを与えるといいでしょう。

コーンシルク：イネ科。トウモロコシのひげの部分のことです。利尿、粘膜保護、抗炎症、肝臓強壮、収斂などの作用があります。妊娠中は禁忌です。すでに腎臓疾患の場合、過剰摂取はしないようにします。

オレガノ：シソ科。和名はハナハッカ。抗けいれん、去痰、消化促進、鎮痛、抗菌、解毒、強壮、利尿、駆風などの作用があります。多用すると子宮を刺激することがあるとされます。

そのほかには、ヤロー（セイヨウノコギリソウ）、チガヤ、ギシギシ、アザミ、スイバ、クマザサ、エノコログサ、イワニガナ（ジシバリ）、メヒシバ、ヒメジョオン、ハハコグサ（ゴギョウ）、タビラコ（春の七草のホトケノザのことだが、ホトケノザという植物は本来は別の種類）などもウサギに与えることができます。

ハーブ・野草類の与え方

□一日に与える量は「少量」にしてください。

□初めて与えるときにはごくわずかな量を与えてみて異常がないかどうかを確認しましょう。

□一種類だけを継続して大量に与え続けることはしないようにしてください。

□薬効に期待して与える場合は、そのハーブ・野草について十分に調べてください。5日与えたら2日休むといったサイクルがいいとされています。あらかじめ獣医師に相談することをおすすめします。

□日頃からハーブや野草を積極的に与えている場合、動物病院で治療を受ける際には申し出たほうがいいでしょう。

□野草を採取するときの注意点は110ページを参照してください。

市販の乾燥ハーブ・野草

さまざまな乾燥ハーブや乾燥野草が市販されています。注意点は66ページの「乾燥タイプの注意点」と同様ですが、もともと薬効のあるハーブや野草では、野菜以上に与えすぎに注意する必要があります。

セージ

レモングラス

ペパーミント

タンポポの花

ヨモギ

ナズナ

写真提供：リーフ（Leaf Corporation）

5. そのほかの食べ物
（果物、穀類、木の葉）

そのほかの食べ物を与える意味

　牧草、ペレット、野菜、ハーブや野草のほかにもウサギに与えることのできる食材は多様にあります。ここでは果物、穀類、木の葉などをご紹介します。いずれも「必ず与えなくてはならない」という食材ではありませんが、与えることでウサギの食生活に彩りが加わるでしょう。食べてくれるメニューを増やしておくのはとてもよいことです。大好物が見つかれば、コミュニケーション手段としておやつ的に与えることもできます。

そのほかの食べ物の種類と特徴

◆果物

　果物は嗜好性が高く、多くのウサギが好物です。一般に、抗酸化作用のあるビタミンCなどの栄養価が豊富です。人ではさまざまな健康効果も期待されています。

　果物を乾燥させたドライフルーツも小動物用としていろいろな種類が市販されています。66ページ「市販の乾燥野菜」にもあるように、味が濃縮されるので嗜好性はより高くなりますが、糖分も増えるので与えすぎには十分に注意してください。

リンゴ（バラ科）

　ウサギに与える定番果物のひとつ。人にとっては最古の果物で、ヨーロッパでは「一日一個のリンゴは医者を遠ざける」ということわざがあるほど健康によいとされています。ビタミンCなどのビタミン、カリウム、カルシウムなどのミネラルや食物繊維が豊富。リンゴポリフェノールは脂肪の蓄積を抑え、抗酸化作用、整腸作用や消炎作用なども知られています。
　食感や甘み、酸味の違う多くの品種があり、日本ではふじ、つがる、ジョナゴールドや、皮が黄色い王林などが有名。ジョナゴールドなどの品種では皮にべたつきがみられますがこれは自然の脂肪酸。熟していることを示すものでもあります。品種によっては完熟するとソルビトールという成分による蜜が入ります。種子は取り除いてから与えてください。旬は9〜11月。
　生のほか乾燥リンゴも好まれます。

乾燥リンゴ

イチゴ（バラ科）

　イチゴは果物のなかでもビタミンCを多く含みます。アントシアニン、特にポリフェノールには抗酸化作用があります。おなじみの赤いイチゴのほか、表面の白いものなど多くの品種があります。赤い色素に含まれるアントシアニンは白いイチゴには少ないようです。イチゴはヘタの部分も与えることができます。旬は5〜6月（露地もの）です。
　生で与えるほか、乾燥イチゴ、フリーズドライのイチゴもあります。

乾燥イチゴ

バナナ（バショウ科）

　エネルギーになりやすく、ビタミンB群、カリウムやマグネシウム、食物繊維が豊富です。ポリフェノールも含み、高い抗酸化作用が知られています。

　生のバナナは輸入が多く、フィリピン、エクアドル、台湾などから輸入されています。糖分は多く、べたつくので、ウサギにたくさん与えるべき食材ではありませんが、嗜好性は高く、粉薬を練り込んで与えるときに使うなど、上手に活用しましょう。

　バナナには一般に黄色いもののほかに青バナナと呼ばれるものがあります。輸入品では、バナナは青い未成熟な状態で輸入され、日本で追熟されます。熟する前の青バナナには、小腸で消化吸収されずに大腸に届くデンプン質、レジスタントスターチが含まれていて、プレバイオティクス効果（82ページ参照）が期待されます。糖質は控えめです。

　生のほか乾燥バナナ（熟したもの、青バナナ）があります。

乾燥バナナ

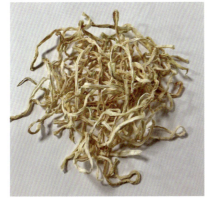
乾燥パパイヤ

パパイヤ（パパイヤ科）

　ビタミンB群やカルシウム、カリウムが豊富。未成熟の果実（青パパイヤ）にはパパイン酵素を含んでいます。完熟するとビタミンCが増え、βカロテンも豊富です。

　ウサギには乾燥させた市販品を与えることが多い果物です。

マンゴー（ウルシ科）

　ビタミンCやβカロテン、葉酸、カリウムが豊富。未成熟の果実（青マンゴー）はビタミンCやポリフェノールが、完熟果はβカロテンやアントシアニンが多く含まれます。

　ウサギには乾燥させた市販品を与えることが多い果物です。

乾燥マンゴー

リンゴをもらっているよ

p72〜76乾燥食物写真提供：
うさぎのしっぽ、リーフ（Leaf Corporation）

ウサギの食材大研究　そのほかの食べ物（果物、穀類、木の葉）

パイナップル（パイナップル科）

ビタミンCやカルシウム、食物繊維が豊富。完熟果にはブロメラインというタンパク質分解酵素が含まれます（60℃以上に加熱すると消える）。抗酸化作用も期待されます。

ウサギには乾燥させた市販品を与えることが多いですが、生でも与えられます。

乾燥パイナップル

ナツメ（クロウメモドキ科）

漢方薬としては大棗といい、強壮作用や利尿作用、鎮静作用などが知られています。カリウムや葉酸などミネラルが豊富。
ウサギには乾燥させた市販品を与えることが多い果物です。

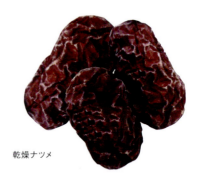

乾燥ナツメ

ブルーベリー（ツツジ科）

ビタミンCが豊富です。ポリフェノールの一種アントシアニンの抗酸化作用が知られています。抗腫瘍作用、血圧抑制作用、血糖降下作用、脳神経機能障害の抑制作用なども研究されています。

ウサギには生のほか乾燥したものも与えられます。

乾燥ブルーベリー

イチジク（クワ科）

食物繊維が豊富で整腸作用が知られています。フィシンという成分にはタンパク質分解酵素があります。アントシアニンによる抗酸化作用も知られています。人の食用では乾燥イチジクも多く利用され、カルシウム、リン、カリウムが豊富です。

ウサギには乾燥させた市販品を与えることが多い果物です。

乾燥イチジク

そのほかの果物

ほかにもナシ、サクランボ、モモ、オレンジなどの柑橘類、メロン、キウイフルーツ、カキなどさまざまな果物をウサギに与えることもできます。

ただし果物は全般に糖質が多いものです。与えるとしてもごく少量、飼い主が食べるときに少しだけウサギにおすそ分けする程度にしておきましょう。

なかでも柑橘類はビタミンCやβカロテンが豊富など栄養価は高く、ミカンの皮を乾かしたものは陳皮といって漢方薬の材料として健胃、駆風、鎮咳などの効能が知られているなどよい食材ではあるものの、与えすぎると便がゆるくなることも知られていますので注意が必要です。

なお、果物の種子は与えないようにしてください。

ウサギの食材大研究　そのほかの食べ物（果物、穀類、木の葉）

◆穀類

　穀類をウサギ用のおやつに加工したものが市販されています。穀類は嗜好性が高く、炭水化物や脂質、タンパク質も多い食材です。このような栄養価の高い食材を与えすぎると肥満の原因にもなりますし、盲腸便を食べ残すことも多くなります。栄養補給させたいときやおやつとして適度に利用します。

　粒のままになっているタイプには殻つきと殻むきがあります。ほかに「圧ぺん」タイプもあります。圧片や圧偏と書き、通常は加熱したうえで圧力をかけて平たくつぶしたものをいいます。加熱していることにより消化しやすくなっています。

圧ぺん大麦

殻むきエンバク

◆木の葉

　ウサギにはさまざまな木の葉を与えることもできます。栄養面ですぐれたものもあり、乾燥させたものが市販されています。

　また、秋や冬、緑の植物が乏しくなる季節には、野生のウサギは落ち葉や樹皮を食べて飢えをしのぐことから、ここで紹介しているような種類の落ち葉も好みます。拾ってきて与えるときには種類をよく調べてください。

ケヤキの落ち葉
クヌギの落ち葉

乾燥クリの葉

ウサギの食材大研究

そのほかの食べ物（果物、穀類、木の葉）

クズの葉（マメ科）

　秋の七草のひとつ。根は葛根湯の材料になります。ウサギには葉を与えることができます。血行促進、解熱、鎮痛などの作用や、消化器官の働きをよくする作用が知られています。

乾燥クズの葉

おやつにクズの葉

ビワの葉（バラ科）

乾燥ビワの葉

食べられる葉っぱでコミュニケーション

漢方薬としては枇杷葉として、鎮咳、去痰、利尿、健胃などの作用が知られています。葉の表面はつややかですが裏側には細かい毛が密生しています。生の葉を採取した場合には、乾燥させたうえで裏側の毛をこそげ取ってから与えるほうがいいでしょう。

ビワは熟した実もウサギに与えられますが、未成熟な実や種子にはアミグダリンという中毒を起こす成分が含まれるので与えないでください。

なお、葉にもアミグダリンは含まれます。人では漢方材料にもなり、ビワの葉茶もよく飲まれるなど健康効果も知られています。ウサギにビワの葉を与えている例も多いことから、過剰に与えなければ問題はないと考えられます。

クワの葉（クワ科）

クワはマルベリーとも呼ばれ、人では近年、生活習慣病の予防で注目されています。ウサギには実も与えられますが、乾燥した葉が市販されています。採取して与えることもできます。葉は桑白皮として漢方薬に使われます。解熱、鎮咳、血圧降下、利尿をはじめ多くの作用があり、抗酸化作用をもつポリフェノールを含みます。また、含まれているペクチンやオリゴ糖は腸内細菌の餌となります。実には強壮作用や鎮痛作用があります。

乾燥クワの葉と実

そのほかの食べ物の与え方

□一日に与えるのは少しだけにしておいてください。特に果物は糖分が多く、肥満の原因となります。

□初めて与えるときはごく少量を与えて異常がないかどうかを確認し、便の状態など健康面に変化がないかよく観察してください。

□漢方材料になるような食材は、ハーブなどと同じように与えすぎにも注意が必要です。食べてくれるからとそればかりを大量に与えることのないようにしてください。

□若いウサギに与えるときは生後3～4ヶ月を過ぎてからにしましょう。特に穀類にはデンプン質が多く、幼い個体の消化管には負担となります。

□木の葉を採取するときは、農薬などが使われていないかを確認してください。

6. 水

◆水を与えることの大切さ

◆生き物に欠くことのできないもの

水は生き物の生命を維持するのに不可欠なものです。動物の体は60〜70%が水分で構成され、多くが細胞の中に、ほかには細胞の外側や血液、リンパ液などとして全身のあらゆる部分に存在しています。

水は、食べ物や飲み水から摂取するほか、代謝水によって供給されます。代謝水とは、摂取した栄養素が体内でエネルギーに変わるときの化学反応で作られる水のことです。

こうして体内に取り込まれた水は、呼吸や皮膚からの蒸発、唾液、糞便として体から失われていきます（汗をかく動物の場合は発汗も）。

◆水の役割

水には体内で多くの役割があります。体に必要な栄養素や酵素などの物質を運ぶ、分泌する、排泄するため、栄養素の消化・吸収、代謝のため、体内の電解質のバランスを取るため、また、酵素反応などの化学反応が起こる場となったり、血液の成分になるほか、皮膚の弾力性を保ったり、体液として存在して組織を衝撃から守ったり、関節の動きをスムーズにするといった働きもあります。体温維持にも役立っています。

水分が不足すると、脱水症状を起こす、血液の濃度が濃くなる、尿の量が減るなどして老廃物が排泄できない、体温調節できないなどの問題が起こります。水分不足が続けば腎不全にもなりやすくなります。動物は、水分を15%以上失うと危険な状態になり、20%を失うと死亡するといわれます。

◆ウサギと水

ウサギは一日に体重1kgあたり50〜100ml、あるいは120mlの水を飲むといわれます。生野菜など水分の多いものをたくさん食べていれば水を飲む量は少なくなります。水分の少ないものを食べていると水を飲む量は増えます。繊維質の多いものや高タンパクなものを食べていても増えるといわれます。気温が高いときや空気が乾燥しているとき、妊娠中・授乳中にも水分摂取が増加します。ほかに体の大きさや健康状態、ストレスなどによっても飲む量は変化します。

水分不足は前述のような問題のほか、日常のリスクも引き起こします。水分が足りないことは胃腸の動きを悪くし、食欲不振を招きます。食べなければ消化管うっ滞になるなどの問題も起こります。暑い時期なら熱中症を起こしやすくなります。子育てをしているウサギなら母乳の出が悪くなります。

飲み水は必ず毎日、新鮮なものを用意してください。生野菜を多く与えていてあまり水を飲まない場合でも、飲みたいときには飲めるようにしておきます。

水は生物に欠かせないもの

ウサギに与える飲み水の種類

◆水道水をそのまま与える

　日本の水道水は、病原菌、無機物質・重金属、一般有機化学物質、農薬などを検査する細かな水質基準が規定されています。世界でも数少ない、水道水がそのまま飲める国でもあります。水質基準は「体重50kgの人が毎日2L、70年間飲み続けても健康に影響がない」ことが基準になっています。

　水道水には衛生面を配慮して消毒され、塩素が残るようにしてあります。水道水がそのまま飲めるのはこうしたことによります。ただしそのために塩素のにおい（いわゆるカルキ臭さ）が気になる場合もあります。そのときは汲み置きをしたり煮沸してもいいでしょう。

　水道水そのものに問題がなくても水道管や貯水タンクの影響で水質が悪くなってしまうことはあります。

◆汲み置きする

　塩素を抜くために、水道水をなるべく口の広い容器（ボウルなど）に入れ、一晩、汲み置きします。太陽光線に当てたほうが効果があるともいわれます。

◆湯冷ましを作る

　塩素のほかに、発がん性があるといわれるトリハロメタンも気になるなら、水道水を煮沸してから与えます。やかんや鍋でお湯を沸かし、沸いたら蓋を開け、換気扇を回しながら10分以上弱火で沸騰させます。沸騰時間が5分くらいだと逆にトリハロメタンが増えます。

　煮沸後は常温に冷ましてから与えてください。

◆浄水器を使う

　浄水器は水道に取りつけ、活性炭やきわめて目の細かい膜によって水道水を濾過し、塩素やトリハロメタンなどを除去することができます。手軽に使えるポット式の浄水器もあります。カートリッジの交換は早めに、ホースなどの掃除はこまめに行いましょう。

◆ウォーターサーバーの水を与える

　ウォーターサーバーの水は、ミネラルウォーター、RO水（特殊なろ過をした純水）、RO水にミネラル分を添加したものが一般的です。ウォーターサーバーに用いられている水は軟水が多いので問題なくウサギにも与えらます。

［注意］塩素が抜けていたり入っていない水は、細菌繁殖しやすくなっています。夏場はこまめに交換するようにしてください。

◆ミネラルウォーターを与える

ミネラルウォーターの水を与えることもできます。ミネラル含有量が多い「硬水」ではなく、「軟水」を与えるほうがいいでしょう。

◆ペット用の水を与える

ウサギ用にカルシウムを減らしてあるものなど、ペット用の水も市販されています。

飲み水の与え方

飲み水は給水ボトルで与えるのが一般的です。水が食べ物のかすや抜け毛、排泄物、室内のほこりなどで汚れることなく、きれいな状態で与えることができるのがメリットです。最低でも一日に一回は交換してください。

給水ボトルでの飲み方を覚えない場合、高齢や体調によって給水ボトルから飲むのが大変になってきた場合は、お皿タイプの給水器や、お皿を使って与えることになります。

ウサギの食欲とも大きく関係する水、いつでもきれいな水が飲めるようにしよう

> ### COLUMN
> #### 硬水と軟水
>
> 水には、カルシウムとマグネシウムの含有量を基準にした「硬度」という尺度があります。硬度が高い（ミネラル分が多い）ものが硬水、硬度が低い（ミネラル分が少ない）ものが軟水です。
>
> WHO（世界保健機関）では1Lあたり硬度120mg以上を硬水、120mg以下を軟水といいます。日本では一般に硬度100mg以下が軟水といわれています。
>
> よく「ウサギにミネラルウォーターを与えてはいけない」といわれますが、軟水なら問題ないでしょう。よく飲まれているミネラルウォーターのひとつを例にしても30mg程度で、水道水（硬度の目標値10〜100mg、東京都の水道は平均60mgくらい）よりも硬度が低い場合もあります。
>
> カルシウム含有量についても水道水の全国平均値（100g中1.27mg）よりも軟水のミネラルウォーター（前述のもので0.6〜1.5mg）のほうが低かったりするので、これも問題ない場合が多いでしょう。
>
> 結石があるなどカルシウム摂取に注意が必要な場合は、与えたいミネラルウォーターの成分をよく調べたり、かかりつけの獣医師によく相談してみてください。

ウサギの食材大研究

水

ペット用の水

給水ボトル。
右は受け皿に水がたまるタイプ

◆与え方の注意点

□新たに給水ボトルを取り付けたり水入れ容器を置いたときは、飲みやすい位置にあるか（高すぎない、低すぎない）、水が垂れたりこぼれたときにペレットを入れている容器に入ってしまうことはないかを確かめましょう。

□給水ボトルを使ったことがないウサギの場合、最初は飲み口から水が出ることがわからなかったりするので、飲み口をつついて水を出しながら教えてあげてください。それで覚えない場合、飲み口に果物など好物の汁をつけて誘導する方法もあります。

□給水ボトルは、水を交換したらその都度、先端を押して水が出ることを確かめてください。

□給水ボトルには食べかすが逆流することもあります。水を交換する際にはノズル部分も水を流しながら先端をつついて洗いましょう。

□ボトル部分は水を交換するたびによく洗い流し、適宜、殺菌漂白をしたり内側をブラシでこすり洗いするなどして清潔に保ちましょう。食べかす、水に溶かして与えるサプリメントなど、水以外のものが混じっていると雑菌が繁殖しやすくなります。時々、分解できる部分は分解して掃除しましょう。

□高齢になったり、骨関節の痛みがある、呼吸器疾患があって苦しいなどで給水ボトルから飲むのが大変になってくることがあります。十分に水を飲むことは重要です。お皿タイプを使うといいでしょう。

□お皿タイプで水を与えている場合、食べかすや排泄物、抜け毛などで水が汚れやすいので、汚れたらこまめに交換するようにしてください。

□お皿タイプの場合、ウサギの顎の下が濡れがちです。飼育環境が不衛生だと湿性皮膚炎を起こしたりするので気をつけてください。

□毎日どのくらいの水を飲んでいるのか、厳密でなくてもよいので観察しておきましょう。毎日だいたい同じくらいの量を同じ時間に与えると確認しやすいでしょう。与えている食べ物や室温、運動量などが大きく変わらないのに飲水量が大きく違っているときは慎重に健康状態を確認してください。

□水を飲まない場合、「野菜を多く与えていて水分が足りていて飲まない」のではなく、体が痛い、歯にトラブルがあるなどで飲めない可能性も考え、健康チェックを行いましょう。

□水が大量に減っている場合、実際に飲んで減っているのか、こぼれている量が多いのかを観察してください。実際にたくさん飲んでいるうえに尿も多いときは診察を受けたほうがいいことがあります。

COLUMN

万が一に備えてイオン飲料を

　体から失われた水分やナトリウムなどの電解質が体に吸収されやすい飲み物のことをいいます。体調を崩すなどして飲み水が十分に飲めていないときや、移動など強いストレス下にあったときなどに、イオン飲料を飲ませるといいケースもあります。

　健康なときに毎日与えるものではありませんし、エネルギーになりやすいブドウ糖が入っているため甘みがあるので、日常的にたくさん飲ませるものでもありません。ただし、味を覚えてもらうためにも時々、与えておくのもいいでしょう。災害時の避難グッズに入れておくこともできます。

　ひどい下痢で脱水状態になっているときにも利用できますが、その場合はまず動物病院で診察を受けることを考えてください。自力で水が飲めないようなときに無理に飲ませるのは危険です。

ボトルタイプではなく、お皿を使って水を飲む

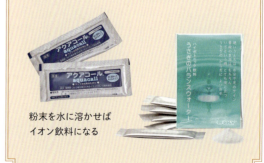
粉末を水に溶かせばイオン飲料になる

7. サプリメント

サプリメントとは？

ウサギに与えることのできるサプリメントが数多く販売されています。健康のためにと取り入れている飼い主も多いでしょう。

サプリメントというと「健康補助食品」というイメージが強いかと思われますが、サプリメントについての定義は、実は存在しません。人の場合、「一般の食品とは異なり、特定成分が濃縮された錠剤やカプセルなどの形状をした製品」と考えられているのが一般的です。医薬品ではないので効果効能を表示することはできませんが、特定保健用食品（トクホ）では許可を得たものについては一定の表示ができるなどの決まりがあります。

ペット用のサプリメントにも定義はありませんが、一般には、毎日の食事では不足しがちな栄養を補うものや、さまざまな機能性成分によって健康を維持するものと考えられています。動物用医薬品でないものに対して具体的な効果効能は表示できません。

なお、犬猫用のサプリメントを犬猫に与える場合は、ペットフード安全法やペットフードの表示に関する公正競争規約といった規制があります。

60種のハーブから抽出したエキスで育った酵母サプリメント。皮膚と毛艶、免疫のケアに。

パイナップルのタンパク質分解酵素ブロメラインが主成分。胃腸のケアに。

植物プラセンタ、ハナビラタケ、アガロオリゴ糖を配合。自然治癒力を育む。

時間と手間をかけて乾燥させ、菌の活性度が高い乳酸菌。整腸作用促進と免疫力UPに。

天然成分100％。クランベリーやタンポポの葉が、泌尿器系全般をサポート。

ウサギに与えてよいサプリメント。効能・効果をよく読み理解して

ウサギにサプリメントを与える目的

　サプリメントを与えることを考える前に大切なのは、ウサギをきちんと飼育するということです。ストレスの少ない環境で、十分な量の牧草をはじめとした適切な食事を与えることがウサギの健康のベースとなります。前述の「毎日の食事では不足しがちな栄養を補う」という点については、ウサギの場合はペレットを与えることで補えていると考えることができるでしょう。つまり、サプリメントを与えなくてもウサギを健康に飼うことは可能で、「ウサギにサプリメントを与える必要はない」という意見があるのももっともなことです。科学的根拠のあるサプリメントを取り入れている動物病院もあるなど信頼のおけるサプリメントがある一方では、残念なことにすべてのサプリメントがよいものではなかったり、意味がないものだったりするという背景もあります。

　それでもウサギにサプリメントを与えたいという飼い主は多いものです。それは前述の「さまざまな機能性成分によって健康を維持する」ことを期待し、ウサギがより健康で長生きしてほしいと願うからにほかなりません。

お腹も満足して、ついウトウト…

🎀 COLUMN
乳酸菌サプリメント

　ウサギにとって消化管内が良好な状態になっていることはとても重要なことです。そのために与えられるのが乳酸菌のサプリメントです。乳酸菌サプリメントの説明として登場する言葉のうちプロバイオティクス、プレバイオティクス、シンバイオティクス、バイオジェニックスについて取り上げます。乳酸菌サプリメントを選ぶ際に参考にしてください。

　プロバイオティクスは、「腸内細菌のバランスを改善することによって体調調節機能を発揮する生菌」（※）と定義されています。乳酸菌やビフィズス菌などの生きた菌のことをいいます。ヨーグルトもこのひとつです。プロバイオティクスについてはさまざまな研究が行われています。腸内細菌叢には外からやってきた菌が定着するのを阻害することや、そのために腸に到達するプロバイオティクスは排泄されてしまうといったことがいわれています。

　プレバイオティクスは腸内細菌の活動を促進する物質のことで、「大腸内に住みついている善玉菌だけの増殖を促進したり、あるいは悪玉菌の増殖を抑制し、その結果、腸内浄化作用によって体調調節機能を発揮する難消化性食品成分」（※）と定義されています。オリゴ糖や食物繊維などのことです。

　プロバイオティクスとプレバイオティクスを混合したものにシンバイオティクスがあります。

　比較的近年になって登場したのがバイオジェニックスです。これは「直接、あるいは腸内フローラを介して免疫賦活、コレステロール低下作用、血圧降下作用、整腸作用、抗腫瘍効果、抗血栓、造血作用などの体調調節・生体防御・疾病予防・回復・老化制御等に働く食品成分」（※）と定義されていて、サプリメントとして摂取することで腸内の環境がよくなるのと同時に、体にもよい影響を与えると考えられているものです。代表的なものが乳酸菌生産物質で、乳酸菌が腸内で作り出す成分のことです。ほかには植物性ポリフェノールやビタミン類もバイオジェニックスの一種です。

（※）「プロバイオティクスの歴史と進化」より

選び方と与え方の注意点

□サプリメントとして多くの製品が市販されています。科学的根拠のあるものもあれば、そうではないものもあります。その製品の説明をよく読むだけでなく、使われている素材についても調べてみるなど、積極的に情報収集しながら選ぶといいでしょう。

　人を対象としたものですが、国立健康・栄養研究所の『「健康食品」の安全性・有効性情報』<https://hfnet.nibiohn.go.jp/>　などのホームページも参考になります。

□病気の治療中、持病がある、妊娠中や授乳中などのウサギにサプリメントを与えたい場合は、かかりつけの獣医師に相談してください。特に投薬中は必ず確認を。

□サプリメント選びにあたっては、口コミも情報源のひとつになりますが、食生活を含めたウサギの飼育環境や健康状態、個体差などによる違いがあることは頭に入れておきましょう。

□製品として販売されているサプリメントに限らず、抗酸化作用など健康のためのよい作用が期待されている野菜や野草、ハーブ、果物などを与えることがサプリメント代わりとなるとも考えられます。

□原材料も確認しましょう。錠剤として成形するためにデンプン質が使われているものや糖質が多いものもあります。与え方には注意してください。

□サプリメントに頼ることで、本来なら受けるべきだった治療を受けるのが遅くなったというようなことがないようにしてください。

□サプリメントに記載された、与える量の目安を守りましょう。

□子ウサギにサプリメントを与える場合は生後3〜4ヶ月くらいからにしてください（獣医師の指示がある場合は除く）。

□サプリメントを与えていてウサギの体調が思わしくないと思ったら与えるのをやめ、動物病院で診察を受けてください。

COLUMN
ウサギのサプリアンケート

サプリを与えているのか、どんなものを与えているのかをお聞きしました。
（インターネット回答・総回答数44）

サプリメントを与えていますか？

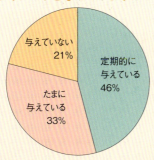

- 定期的に与えている 46%
- たまに与えている 33%
- 与えていない 21%

何種類与えていますか？

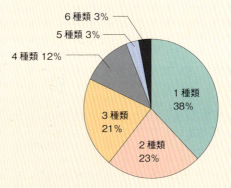

- 1種類 38%
- 2種類 23%
- 3種類 21%
- 4種類 12%
- 5種類 3%
- 6種類 3%

どんな種類を与えていますか？（複数回答）

免疫力や自然治癒力を高めるもの	25
乳酸菌	23
乳酸菌ではない胃腸の働きを助けるもの	17
総合的なサプリメント	9
毛艶をよくするもの	1
泌尿器の働きをサポートするもの	1

約8割の皆さんがなんらかの形でウサギにサプリメントを与えていることがわかりました。与えている種類を伺ったところ、1種類という回答が多かったものの、2種類以上を与えている方は合わせて約6割で、複数のサプリメントを与えている方も多いようです。与えている種類では免疫力や自然治癒力を高めるタイプが最も多いのですが、乳酸菌と乳酸菌以外の胃腸の働きを助けるサプリメントを合わせるとこちらが一番となり、やはり消化器官の健康を気にする方が多いことがわかります。

COLUMN

わが家の食卓 "献立編"

ウサギの食事について飼い主の皆さんに、普段の暮らしのなかでウサギに何を与えているか、どれくらい与えているかをお聞きして、まとめてみました。また、食事へのこだわりの取り組みをご紹介！ウサギへの愛情が垣間見えてきますよ！

ウサギの名前
性別、年齢、体重、品種

① メインにあげている牧草
② ペレットを何種類？ どれくらいあげている？
③ 野菜を何種類？ どれくらいあげている？
④ 飼い主より

ぽん太郎

オス
2歳
1kg
ネザーランドドワーフ

① チモシー1番刈り
② 1種類 16g／日
③ 与えていない
④ 成長期から食べ方に個性が

育ち盛りでもウサギによってペレットをたくさん食べたり少ししか食べなかったりで、個体差が大きくて驚きました。（＊tamaki＊さん）

かぼちゃ

オス
3歳
1.3kg
ネザーランドドワーフ

① チモシー1番刈り
② 2種類 30g／日
③ 1〜3種類ほど カップ半分くらい／日
④ 食事の時間を守って安心感を

ウサギが安心できるように毎日決まった時間に決まった量をあげています。私が寝る前に乾燥パパイヤをあげるのがおやすみのサインです。（あやぴさん）

わた

オス
5歳
1.8kg
ミニウサギ

① 与えていない
② 4種類以上 20g／日
③ 1〜3種類ほど カップ半分以下／日
④ 歯を定期的にメンテナンス

3歳から牧草を食べなくなり、複数のペレットをブレンドして与えています。歯は定期的に切ってもらっています。（あさりさん）

まめ

オス
1歳
1.1kg
ミニウサギ

① チモシー1番刈り
② 与えていない
③ 1〜3種類ほど カップ半分以下／日
④ ペレットをやめてお腹の調子が改善

ペレットをあげていたときは便の状態が悪くお腹の調子も崩しがちでしたが、チモシーだけにしたところ、お腹を壊さなくなりました。（ひろのりさん）

かりん

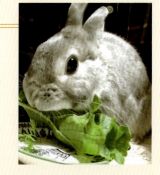

メス
4歳
1.5kg
ネザーミックス

① チモシー1番刈り
② 2種類 12g／日
③ 4〜6種類ほど カップ1杯分くらい／日
④ ロット変更でチモシーを拒否

ロットが変わるとチモシーを食べなくなりました。ほかのチモシーは食べたのでそれに混ぜていると食べるようになりました。（かりんママさん）

ファービー

メス
10歳
1.4kg
アメリカンファジーロップ

① チモシー3番刈り
② 1種類　25g／日
③ 1～3種類ほど　カップ1杯分くらい／日
④ 3番刈りを山盛りで与えています

　チモシーは1番刈りが苦手なので3番刈りをあげています。牧草はいつも山盛りにして、こまめに新しくします。（ゆかりさん）

ピース

オス
3歳
1.06kg
ネザーランドドワーフ

① オーツヘイ
② 1種類　20g／日
③ 1～3種類ほど　カップ半分以下／日
④ メインの牧草を変えて便が改善

　チモシーの1番刈りをあまり食べてくれないのでオーツヘイをメインにしたところ、便のサイズが大きくなりました。（tomo☆さん）

コデマリ

オス
12歳
2.4kg
ホーランドロップイヤー

① チモシー1番刈り
② 1種類　ふた握り／日
③ 1～3種類ほど　カップ半分以下／日
④ 長寿に感謝して好物もプラス

　主にペレットと牧草を与えてきましたが、長生きしてくれているので今はドライフルーツなど好きなものも与えています。（ジュンさん）

うさ子

メス
1歳
1.28kg
ドワーフホト

① チモシー2番刈り
② 1種類　8g／日
③ 1～3種類ほど　カップ半分くらい／日
④ チモシー嫌いでも牧草団子は大好き

　チモシーをあまり食べてくれないのですが、牧草の粉から牧草団子を作ってあげると食欲がないときも食べてくれます。（yukaさん）

ちぃ

オス
4歳
1.8kg
ミックス

① チモシー1番刈り
② 3種類　8g／日
③ 1～3種類ほど　カップ半分くらい／日
④ 与えるタイミングも気遣って

　1回の食事量が多いと胃に負担がかかると思い、ペレットを少なめにして野草や野菜などは食事から時間を置いて与えています。（もんさん）

ましろ

メス
2歳
1.8kg
ホーランドロップ

① チモシー
② 2種類　10g／日
③ 1～3種類ほど　カップ半分以下／日
④ 牧草の選りすぐりに補充で対応

　いわゆるグルメ食べで、牧草を選びながら食べているのでなるべくこまめに補充しています。（ましまむさん）

※情報は2019年5月時点のものです。

COLUMN

わが家の食卓 "工夫編"

ウサギの食事について飼い主の皆さんに、お悩みと工夫をお聞きしてみました。ウサギの食事への悩みはつきませんが、うちの子にあった工夫を行って対応されているようです。ウサギの健康を守る工夫をご紹介していきます！

ウサギの名前
性別、年齢、体重、品種
ウサギの食事のお悩みと工夫

エマ
メス
2歳
940g
ネザーランドドワーフ

安心安全な野菜選びを心がけて

日頃は牧草とペレット、野菜、野草、ハーブをあげているほか、たまにサプリメントも与えます。野菜は乾燥させるなどして1日に1～3種類をカップ半分くらいあげています。直売所で購入するなど、できるだけ無農薬の野菜や野草を選ぶようにしています。牧草もペレットも数種類を混ぜていますが、こちらはロットの変更などの変化に敏感ですぐに食欲が落ちたり好みが変わったりするので、切り替えが難しいと感じています。今はチモシーの2番刈りをメインの牧草にしています。（ハナちゃんさん）

カロリ
メス
7歳
930g
ネザーランドドワーフ

食事の環境を小柄な身体に合わせる

小柄な身体と5歳でオペをした術後を考慮して、飲食を自然体（下向き）でおこなえるように工夫しています。平たいお皿には、ペレットや乾燥パパイヤなどのメインディッシュやおやつを入れます。水差しは、ボトル形状だと、カロリの場合、上向きが辛いようだったので、取り外し可能で洗浄も楽な、下向きで飲める器にしています。（佐久間一嘉さん）

ここあ
メス
3歳
2kg
ロップイヤー

ペレットに飽きさせない工夫

ペレットを3種類混ぜて与えていますが、同じ種類のペレットを多くしていると飽きるのか突然食べなくなることがありました。そこで3種類の配分をたまに変えて、ペレットに飽きないように気を配っています。ペレットは1日に14gあげていて、ほかに牧草や野菜、ハーブも与えています。牧草はチモシーの1番刈りを食べてくれず、2番刈りと3番刈りをたくさん食べています。1番刈りを食べてほしくて、あらゆる1番刈りチモシーを取り寄せましたが、残念ながらどれも全滅でした。（ここママさん）

つね
オス
4歳
1.58kg
ミックス

1番刈りを食べてほしくて直置きに

普段は牧草、ペレット16g、野菜、野草、ハーブ、サプリメントを与えています。奥歯がすべて伸びていると診断されていて、チモシーの1番刈りをとにかくたくさん食べてほしいので、牧草入れは使わずケージ内に直置きにしています。全部なくなることはありませんが、この方法に変えてからお水の摂取量が増えました。（つねママさん）

ジューラ
オス
12歳
900g
ブリタニアペティート

おやつの大きさにひと工夫

わが家ではオーツヘイをメインの牧草にして、ペレット10～20g、野菜、野草、果物、サプリメントを与えています。乾燥リンゴや乾燥パイナップルがジューラの好物ですが、おやつなどは大きいと食べにくそうに見えるので、少し小さめに切ってから与えています。（島田恵さん）

琥珀

オス
8歳
2.1kg
ミニレッキス（左）

しっかり食べてくれる牧草を

　チモシー1番刈りだと食べ残しが多いので、2番刈り（シングルプレス）を与えています。春は家の近くで安全な野草が手に入るので、色々な種類を与えています。ペレットは牧草ペレットをあげています。先代うさぎは不正咬合で歯がなくなり、牧草を食べられなかったため、粉牧草を電動ミルなどでさらに細かくし、リンゴやバナナのすりおろしと混ぜて与えていました。先代はその食生活で3年ほど生きました。（ちょびすけっとさん）

ルナちゃん

オス
10歳
2kg
ロップイヤー

声かけで食事の時間をより楽しく

　食事の時間が楽しいものになるように「ルナちゃん、ご飯だよ♪」と、ルナちゃんが興味を示す声のトーンで話しかけています。換毛期など食欲が安定しない時期は、1日分のペレットを複数回に分けて、声かけをしながらあげています。声かけをするのと同時に食欲ときちんと完食する量を確認し、その都度調整をしています。毎日チモシー3番刈りをたっぷりとペレット35gを食べています。ペレットは一気に完食します。（よういちさん＆けいこさん）

ちび

メス
7歳
1.6kg
ミニウサギ

ペレットを食べてくれない子の工夫

　ペレットをあまり食べてくれない子なので、獣医さんと相談して、野菜をたっぷりあげるようにしています。毎日1〜3種類をカップ2杯分くらい与えています。そのほか、チモシーキューブや牧草ペレットもあげています。ペレットは2種類あわせて1日に15〜16gほど食べています。（ちびたんのママさん）

くまじろう

オス
2歳
2kg
ホーランドロップ

野菜はベストタイミングで与える

　野菜を4〜6種類、カップに2杯分ほどあげていますが、くまちゃんはタイミングによって野菜を食べないことがあります。ごはんの時間にペレットと一緒にあげても食べず、そのほかの時間も日中は食べません。ところが、食後3時間くらいして寝る前にサークルに戻すときにあげると食べます。最初はあまり野菜を食べない子なのかと思いましたが、タイミングを変えてみると食べました。夜はあげたあと1〜2時間で、残した野菜を撤去しています。サークルに戻すときに野菜をあげるのと、私が寝る前にも好きな牧草をあげて食欲を確認しています。牧草はチモシー2番刈りがメイン。ペレットは1日に22g食べています。（ももさん）

なおみ

メス
2歳4ヶ月
1.8kg
ネザーランドドワーフ

うさぎの性格を尊重

　日々の食事は牧草にペレット、野菜、果物、穀類を与えています。たまにサプリメントもあげています。うちの子は照れ屋さん。食べているところを見られたくないようなので、おやつに野菜を与えるときは、渡したら知らんぷりをしてあえて見ないようにしています。（吉田さん）

こぺら

メス
3歳
1.45kg
ネザーランドドワーフ

好みに合わせ野菜果物を天日干し

　毎日牧草とペレット（2種類を合わせて18g）、野菜、果物を与えています。うちのこぺらはとにかく好き嫌いが激しく、野菜や果物は乾かしたものしか食べません。そこで天日干しをしてからあげるようにしています。特に天日干ししたリンゴが大好きで、食欲がないときもこれだけは食べてくれます。（おぺらさん）

※情報は2019年5月時点のものです。

→ COLUMN

わが家の食卓 "アンケート"

お家のウサギの
普段の食事について聞いたアンケート結果を発表します！
（インターネット回答・総回答数44）

質問1
普段、ウサギに何を与えていますか？

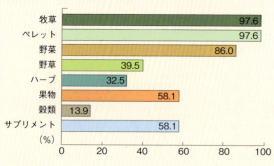

牧草	97.6
ペレット	97.6
野菜	86.0
野草	39.5
ハーブ	32.5
果物	58.1
穀類	13.9
サプリメント	58.1
(%)	

質問2
ペレットは何種類与えていますか？

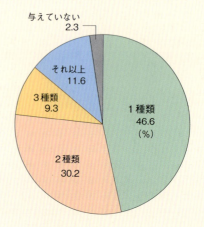

- 1種類 46.6 (%)
- 2種類 30.2
- 3種類 9.3
- それ以上 11.6
- 与えていない 2.3

質問3
野菜は一日何種類与えていますか？

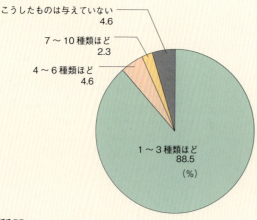

- 1～3種類ほど 88.5 (%)
- 4～6種類ほど 4.6
- 7～10種類ほど 2.3
- こうしたものは与えていない 4.6

質問4
野菜は一日どのくらい与えていますか？
（カットした野菜を200ccの計量カップで計ったと仮定して）

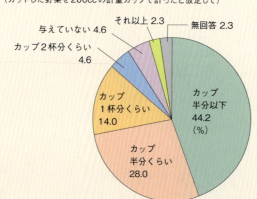

- カップ半分以下 44.2 (%)
- カップ半分くらい 28.0
- カップ1杯分くらい 14.0
- カップ2杯分くらい 4.6
- 与えていない 4.6
- それ以上 2.3
- 無回答 2.3

質問5
普段の食事のなかで好きなものは何ですか？

第1位　牧草
第2位　オオバ
第3位　ペレット
第4位　バナナ
第5位　アシタバ
第6位　ニンジン
〃　　乾燥パパイヤ
第8位　リンゴ
〃　　オーツヘイ
〃　　ニンジンの葉

アンケート結果から

　好きなものの一番が牧草というのは嬉しいですね。与えている牧草の種類としてはチモシー1番刈りとオーツヘイの人気が高かったです。今現在のウサギの食事は「牧草（チモシー1番刈りを中心に他の種類も）、1種類のペレット、野菜をほどほどに」がベーシックで、あわせてさまざまなものを与えているといったところでしょうか。

part 4

食を介した
コミュニケーション

食べることが楽しみなのはウサギも人も同じです。日々の主食やおやつを通してウサギとの絆を深める方法を見ていきましょう。ときには手作りごはんを取り入れることで、食生活に彩りも加わります。野菜やハーブなどの自家栽培で愛情こもった新鮮植物を与える方法や、野草摘みの楽しさも紹介します。

1. 食の時間を楽しむ

◆食の時間を楽しむってどういうこと?

ウサギと一緒に生活するうえでの最大の楽しみともいえるのがウサギとのコミュニケーションです。

なでるなどのふれあいもウサギとのコミュニケーションのひとつですが、もっとわかりやすくて取り入れやすいのが食を介したコミュニケーションです。なでるのはウサギによっては苦手だったりしますが、「おいしいものをもらう」のはたいていのウサギが好きなことです。

つまり、「食」は、ウサギにとっても飼い主にとっても、そしてお互いにとってもとてもすばらしいコミュニケーション手段になるというわけです。

◆ウサギの楽しみ〜食べることに関する本能を満たす

野生のウサギは、緑の草がない時期には樹皮を食べてでも生き延びなくてはなりません。食べることは、どんな生き物にとっても生まれつき身についている本能的な欲求です。飼育下のように、食べるものがいつでもある、という環境は動物を本能的に安心させているかもしれません。また、ウサギは野生下で、植物を食べるのに一日のうち多くの時間を費やしていますが、飼育下では牧草をたくさん与えることによって採食時間を長くすることができます。このことも本能的な満足感につながっているでしょう。

そのうえ嗜好性が高いものなら、ウサギの満足度も高いだろうと想像できます。

◆飼い主の楽しみ〜選び、与えることを楽しむ

ウサギに食事を与えるのは飼い主として最低限の責任です。そこに選ぶ楽しさや与える楽しさを加えれば、ウサギとの暮らしがもっと広がりを見せてくれることでしょう。ペレットや牧草には多くの種類がありますし、野菜や野草、ハーブなどまで加えるとかなりたくさんの選択肢が存在します。

ウサギ専門店やペットショップで、あるいはスーパーマーケットの野菜売り場や野菜直売所で、これは好きかな、食べてくれるかなと、ウサギの姿を想像しながら食べ物を選ぶのは楽しいことです。それをおいしそうに食べてくれればますます嬉しくなります。

また、これは健康にいいだろうかと悩みながら食べ物を選ぶこともあるでしょう。ときには「どんな原材料でできているのかな?」「どんな成分なのかな?」などと調べることもあるかもしれません。最近はさまざまな機能性をもつ食べ物もあるので、それがどうウサギの健康をサポートしているのかと情報収集することも大切です。そうやってウサギのために時間を使い、考えることもまた、楽しさのひとつともいえます。

手から食べ物をあげることも、ウサギとの楽しいふれあいのひとつ!

引っ張りっこをして遊ぶことだって楽しい

◆お互いの楽しみ〜コミュニケーションを深める

　食べ物を与えるというのは動物を慣らすときの基本のひとつです。それはウサギでも同じことです。ケージの中に食べ物があることでウサギは、ここは安心して暮らせる場所だと感じるでしょう。そしてそれを用意してくれる飼い主にも慣れていきます。

　ウサギが飼い主に慣れ、信頼関係ができてくれば食べ物にはもっと大きな魅力が加わるかもしれません。おやつをあげる飼い主のうれしい気持ちはウサギに伝わり、おやつをもらうウサギの幸せな気持ちは飼い主に伝わり、どちらもが嬉しくて幸せな気持ちになるでしょう。そういう時間を繰り返していくうちに、おやつはあるに越したことはないけれど、ただそばにいると嬉しい、幸せ、と感じるようになってくれるはずです。食べ物は絆を強めてくれます。

与え方の工夫

　主食としての牧草とペレットはケージの中に置いてウサギは自分のペースで食べ、おやつはケージの中や外で手から与える、というのが一般的な与え方です。与え方に工夫をすることで、ウサギの本能的な満足感をますます高めたり、健康面での助けになったりするでしょう。

◆食べ物を探させよう

　野生のウサギにあってペットのウサギに足りないもののひとつは「食べ物を探す」という行動です。ある意味恵まれているともいえますが、ケージの中にはいつでも何かしらの食べ物があるのが普通です。牧草は常に食べていてもらいたいのでケージ内にいつも置いておく必要があるため、どうしても「食べ物を探す」機会がありません。

　そこで、「探す」機会をウサギとの遊びの一環に取り入れてみましょう。

<食べ物探しの一例>

　大好物のおやつを用意します。これをウサギがすぐに見つけられない場所に隠しておき、探させます。

　わらなどで編んであるウサギ用のおもちゃの隙間におやつを詰めたものは、ケージの外もケージ内でも遊ばせることができるでしょう。手作りで牧草をうまく編んでリースやボールの形にして、そこにおやつを忍ばせておくこともできます。

　室内にトンネルや隠れ家をいくつか設置し、その中や後ろなどにおやつを置いておき、ウサギに探させます。トンネルや隠れ家は市販のウサギ用わら製品でもいいですし、ウサギがかじらないならダンボールで作るのも楽しいでしょう。これもかじらないことが前提ですが、ランチョンマットなどを床に敷き、その下に隠しておいて探させることもできます。

　牧草を床に置く容器や床の上に直接置いて与えているときは、牧草の底のほうにおやつを隠しておくという方法もあります。

　そのほかにもいろいろなアイデアがあると思います。どんな方法をとるにしても、ウサギの安全面への配慮を忘れないようにしましょう。

へやんぽ途中の食事場所。こうしたところもおやつの隠し場所になる

大好物をウサギのおもちゃに忍ばせておくのも楽しい

◆運動の機会にしよう

ウサギには適度な運動も必要です。前述の「食べ物を探させよう」も運動の機会のひとつです。

また、食べ物の与え方を工夫して、「ちょっと運動しないと食べられない」ようにするのもいいでしょう。ペレットや野菜などをケージ内ではなく、部屋のあちこちに置き、移動しないと食べられないようにする方法があります。飼い主が移動しつつ、ウサギが来たら手から渡すというのもいいでしょう。人からもらうことでよいコミュニケーションの機会にもなります。

ただし、採食量が減っているときや痩せ気味でしっかり食べさせる必要があるときはケージ内で落ち着いて食事ができるようにしてください。

また、室内で遊ばせるときはウサギに危険なものがないようにしてください。食べ物は必ず低い位置に置き、高いところに登らなくては食べられないような状況にはしないでください。ペットサークル内のみで自由にさせると安心です。

食べ物を手で持って
ウサギとコミュニケーションを
とろう

食べ物を与えながら
運動の機会にしよう

◆手から与えよう

食を介したコミュニケーションの基本が手から与えることです。

慣らすためにおやつを与えるほか、前述の「運動の機会にしよう」にあるように人が移動しながら手から食べ物を与えれば、運動にもコミュニケーションにもなります。

「食べ物を探させよう」を応用して、片手におやつを隠して「どっちに入ってる？」とにおいをたよりに当てさせるのも楽しいかもしれません（噛みつく傾向のあるウサギには向いていません）。

旬を楽しむ

品種改良や栽培技術の進化、流通の変化などによって、たいていの野菜や果物は一年中、手に入れることができます。スーパーマーケットの野菜・果物売り場に行けばそれを感じることができるでしょう。いつでもバラエティ豊かな食べ物をウサギに与えることができるのは嬉しいことですし、選択肢が多いのも楽しいことです。

とはいえ、野菜に関してはぜひ「旬」を意識して与えることも大切にしていきたいものだと考えます。

買い物時に店頭でウサギの顔が浮かぶことはよくあること

◆旬は栄養価が高い

旬の時期とそうでない時期とでは栄養価が異なることが知られています。

特にβカロテンとビタミンCは違いが大きいようです。たとえば、冬が旬のブロッコリーでは、βカロテンは3月が約1595μgなのに対し8月は約389μg、ビタミンCは2月が約167mgなのに対し8月は約86mgです。夏が旬のトマトでは、βカロテンが9月は約586μgなのに対し、2月が約194μg、ビタミンCは7月が約18mgなのに対し1月は約9mgと大きな違いがあります（「食品に含まれるビタミン・ミネラルの通年変化」より）。

春の味覚の野イチゴをいただきます

食を介したコミュニケーション

食の時間を楽しむ

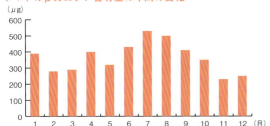

トマトのβカロテン含有量の年間の変化

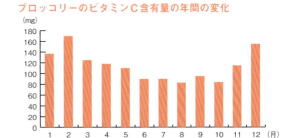

ブロッコリーのビタミンC含有量の年間の変化

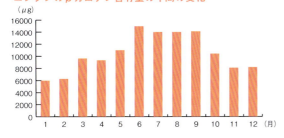

ニンジンのβカロテン含有量の年間の変化

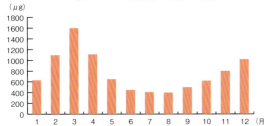

ブロッコリーのβカロテン含有量の年間の変化

栄養価の最大月でみる野菜の旬

	ビタミンC	カロテン
1月	グリーンアスパラガス	
2月	ブロッコリー　ハクサイ　キャベツ	
3月		ブロッコリー　キャベツ
4月	ダイコン	サヤインゲン
5月		グリーンアスパラガス
6月	シソ　レタス　サヤインゲン	ニンジン　シシトウガラシ
7月	トマト　キュウリ　チンゲンサイ　バレイショ	トマト
8月	ピーマン	ピーマン　キュウリ　レタス　チンゲンサイ
9月	シシトウガラシ	シソ　ハクサイ
10月	ニンジン	カボチャ
11月		
12月	ホウレンソウ　シュンギク　カボチャ　ミツバ	ホウレンソウ　シュンギク　ミツバ

グラフと表：独立行政法人農畜産業振興機構「月報野菜情報」の2008年11月号「野菜の旬と栄養価」より引用

COLUMN
季節ごとの野菜の旬
この本に登場する野菜の旬をまとめました。

春	夏	秋
春キャベツ クレソン ルッコラ ニンジン セロリ ミツバ パクチー セリ アシタバ サラダ菜 サニーレタス	春秋キャベツ ダイコン ミツバ サラダナ サニーレタス オオバ	チンゲンサイ ルッコラ ニンジン ミツバ サニーレタス オオバ

冬
冬キャベツ コマツナ チンゲンサイ ミズナ ダイコン ブロッコリー カリフラワー セロリ ミツバ セリ シュンギク

新鮮なニンジンを仲良くシェアだよ！

◆**露地栽培ものが与えられる**

旬のある野菜がいつでも手に入る理由のひとつは、ハウス栽培などの技術進歩により、温度や湿度、光量などを調整できるというものがあります。一方、本来の気候で生育する旬の野菜は露地栽培で育てることができます。

64ページで説明している「硝酸塩（しょうさんえん）」は旬ではない時期に作られるハウス栽培よりも旬の時期の露地栽培のほうが少ない傾向にあります。硝酸塩は日光が十分に当たらないことによって植物の中にたまるといわれています。この点からも、露地栽培の旬の野菜がおすすめできるのです。

◆**その時期の体に合っている可能性**

人の場合には、その季節の体調に合っていたり、体が欲しているから旬の食材がよいといわれます。たとえば、春は代謝の落ちた冬にたまった老廃物を処理できるデトックス効果のあるものがよい、夏は水分が多くて体を冷やしてくれるものがよい、などといったことです。

こうしたことがウサギで証明されているわけではありません。ただし、野生のウサギの暮らしを考えると、彼らはその季節に生えているものしか食べていない、つまり旬のものしか食べていません。栽培技術が進化していなかった昔は、人も旬のものしか食べていませんでした。ウサギのもともとの生息地にも日本にも四季があります。

このように見ていくと、「旬の食材は体が欲している」というのはウサギにも当てはまると考えても、あながち間違っていないのでないかと思われます。

2. おやつの与え方

ウサギにとっての「おやつ」とは？

◆人のおやつはデザートや間食

私たち人にとっておやつは、食事のほかに食べるデザート、食事と食事の合間に食べる間食や「3時のおやつ」など、食事ではないもののことを指しているのが一般的です。たいていの人は、朝、昼、晩の食事をきちんと摂ることの大切さを知っていますし、おやつを食べすぎるのはあまりいいことではないとも思っています。おやつには糖質や脂質が多いため、食べすぎると健康によくなかったり太る原因になることを知っているからです。

◆ウサギのおやつは「おいしくて大好きなもの」

さて、ウサギはどうでしょう。ウサギは「食事」と「おやつ」を区別しません。そのかわり、飼い主から与えられるすべての食べ物に対して、おいしくて大好きなものから始まって、わりと好きなもの、あれば食べるもの、ほかに食べるものがなければ食べるもの、絶対に食べないもの、などの区別をしているのではないでしょうか。そして、おいしくて大好きなものばかりを食べたいと欲していることは間違いないでしょう。「牧草とペレットを食べ終わってからおやつを食べよう」とは思ってくれません。

◆おやつは「甘いもの」とは限らない

さらにウサギの飼い主の立場から見てみましょう。ウサギにはおやつを与えたいと多くの方は思っています。そしてたいていの場合、ウサギにおやつとして与えられるものは、フルーツや穀類などの炭水化物（糖質）の多いものです。これは人にとっての「おやつ」の発想ですから、あまりたくさんあげるものではないということも飼い主はわかっています。

ところがウサギにはその発想がありません。そのおやつがおいしくて大好きなものなら、そればかり食べたいのです。そして、ウサギにおねだりされるとついついおやつ（人がおやつだと考える、糖質の多いもの）を与えすぎてしまい、肥満をはじめとした健康面での問題が起きることになってしまいます。

ここでは、ウサギのおやつと人のおやつとは違うのだと理解していただきたいと思います。ウサギのおやつは「飼い主がウサギにコミュニケーション手段として与える『おいしくて大好きなもの』」と考えてください。それが甘いものである必然性はないのです。具体的なウサギのおやつについては「ウサギに適したおやつとは」（97ページ）をご覧ください。

リンゴの皮を干したお手製おやつ、ウマっ！

どんなときにおやつをあげる？

おやつ（おいしくて大好きなもの）は、ウサギとの暮らしに欠かせないもののひとつです。多くの場面で、おやつは役に立ちます。

◆慣らすとき

飼い主に対する警戒心をときほぐすには、接し方も大切ですが（こちらが緊張しない、驚かさないなど）、食べるものを与えるのがとても有効です。多くのウサギが好きそうなものからおやつを選び、手から与えてみます。

◆コミュニケーションを深めるため

飼い主と一緒にいると楽しい、嬉しいと感じてもらうためにもおやつは役に立ちます。慣らしていく過程として、ウサギをケージから室内に出しているとき、飼い主はおやつを手にもって静かに座っていましょう。ウサギに意識を向けすぎないようにします。ウサギは少しずつ飼い主に近づいてきて、においをかいだりしながら様子を観察するでしょう。そしておやつに気がついたらおやつをウサギに与えます。そんなことを繰り返しているうちに、ウサギはすぐに飼い主のそばに来るようになります。もちろん最初はおやつをもらえるからではありますが、「そばにいるといいことがある」ということも理解してくれるようになるでしょう。名前を呼んでおやつを与えていれば、名前に反応するようにもなるでしょう。

◆ご褒美にする、気分転換してもらう

爪切りやブラッシングは、ウサギのために必要なことなのにウサギに嫌がられやすいケアの代表的なものです。これらのあとにおやつを与えて、「よくがんばったね」とご褒美にしたり、気分転換してもらうのもいいでしょう。

◆しつけに利用する

名前を呼ぶと来る

おやつを与えるときに名前を呼ぶことを繰り返していると、名前に反応して飼い主のそばに来るようになることもあります。とっさにこちらに呼びたいとき（たとえば、開いているドアのそばに行こうとしているときなど）に役に立ちます。

おやつの入っている容器を振る音に反応するようになることも多いものです。部屋で遊ばせていたら物陰に隠れてしまったときに、音を聞かせると出てくる、ということもよくあるものです。

ケージに戻す、キャリーに入る

部屋で遊ばせたあとケージに戻すときにおやつを見せて誘導すれば、無理に追いかけ回さなくてもすみます。キャリーの中でおやつを与える習慣をつけておけば、キャリーに入ることを嫌がらないようになります。

（ここでは割愛しますが、「芸」を教えるときにもおやつは役に立っているようです）

飼い主への警戒心をときほぐすおやつ

嫌がられやすいケアのあとのご褒美に

かぶってみたけど、やっぱり食べたほうがおいしー

◆ 食欲の回復

病気のために食欲がないときは動物病院で診察を受け、必要に応じて治療を受けなくてはなりません。

ちょっと食欲が落ちているなというときには、おやつを与えることが食欲回復のスイッチを入れてくれる場合もあります。

◆ 投薬に利用する

おやつは、薬を飲ませるときにも利用できます（139ページ「薬の飲ませ方」参照）。投薬したあとで気分転換のためにおやつを与えるのもいいでしょう。

ウサギに適したおやつとは

◆ ウサギ用として市販されているもの

非常に多くの種類が市販されています。なかにはあまりおすすめできないものもあります。与える量は少量であっても、ウサギの健康に悪い影響のないものを選ぶようにしたいものです。

代表的なものは乾燥させた果物（ドライフルーツ）でしょう。パパイヤ、マンゴー、バナナ、リンゴなどいろいろな種類があります。ドライフルーツを選ぶ際には砂糖などの添加物がなく、天然のままの素材のものを選んでください。

乾燥野菜や乾燥野草も種類が豊富です。穀類もおやつ程度にごく少量与えるならよいでしょう。

選ぶ際に注意したいのはクッキータイプのおやつです。これには大きく2つのタイプがあります。ひとつは、ウサギに与えるのに適した原材料を固形にしてあるものです。こうしたタイプはウサギのおやつとして与えても問題のないものです（もちろん与える量は少量）。

ところが、糖分や油脂分を加えて作られているタイプのものもあります。これはウサギに与えるおやつとしては適していません（クッキータイプに限ったことではありません）。

クッキータイプのおやつを選ぶ際には、原材料を十分に確認してください。

（ウサギに適したおやつについては72ページ「そのほかの食べ物」もご覧ください）

◆ ウサギが大好きならペレットもおやつ

前述のように、ウサギにとってのおやつは「飼い主がウサギにコミュニケーション手段として与える『おいしくて大好きなもの』」です。ウサギがペレットを大好きならペレットもおやつにすることができます。

その日に与えるペレットのなかから少量を別に取り分けておき（※）、それをおやつ用として手から与えればいいのです。こうすればおやつを与えすぎることが防げますし、そのうえコミュニケーションも楽しめるので一石二鳥ともいえます。

このように考えれば、ウサギに与える基本の食事なら、牧草であっても野菜であっても、ウサギがそれを大好きならおやつにすることができるわけです。

※飼い主に時間的余裕があり、ウサギが飼い主の手からもらうことを好むなら、その日に与える分のペレットを全部手から与えても問題はありません。

野草もおやつ！

シリンジに慣らす機会にしたい

　投薬をしたり強制給餌をしなくてはならない場合があるかもしれません。そのときになっていきなりシリンジから飲んだり食べたりさせるのは、ウサギにとっては大きなストレスになります。また飼い主にとっても、強制給餌が必要だという不安な状況のうえに不慣れなことをしなくてはならないのは大きな負担となります。そうなった場合のストレスを少しでも減らすため、普段からシリンジに慣らしておきましょう。おやつを与える時間はよい機会となります。無添加の野菜ジュースやリンゴの絞り汁などをごく少しだけ、シリンジから与えてみましょう。シリンジの先からすぐに液体が出るくらいの状態にしておいたものをウサギの口元にもっていき、興味を示してくれたら与えます。誤嚥すると危険なので、無理はしないでください。

いろいろなおやつを与えたい

　ウサギ用おやつは開封後はなるべく早めに与えきりましょう。とはいえ、少しずつしか与えないのでなかなか消費されず、また、いろいろなものを与えたいと思って多くの種類を購入するとますます減りが遅くなってしまいます。

　購入したら小分けにして、すぐに与えない分はしっかり密閉し、乾燥剤などとともに密閉容器に保存しておきます。（55ページ「ペレットの保存方法」もご覧ください）

　ウサギを飼っているお友達がいるなら、それぞれが異なる種類を購入してシェアするというのもいい方法かもしれませんね。ウサギによる好みの違いなどもわかってよい情報交換の機会にもなるでしょう。

　また、人が日頃食べている野菜や果物から少しだけウサギにおすそわけするようにすれば、あえて「ウサギ用おやつ」を購入する必要もありません。ウサギに与えてもよい種類を、味付けなどする前に与えてください。人が食べる用のドライフルーツでも完全に無添加のものならおやつメニューに加えられます。

与え方の注意点

□おやつを与える量は、ほんの少しだけにしておきましょう（その日の食事分からおやつを取り分ける場合を除く）。

　ウサギに与えてよいおやつの量を示している科学的なデータは存在しません。本来、ウサギを健康に飼うために必須のものではないからです。「必要ない」とする意見もあるくらいです。そのため、具体的に「このくらい」とご紹介するのは難しいのですが、「牧草やペレットをきちんと食べている」「排泄物の状態は良好」「適切な体格を維持している」「そのほかの健康状態も良好」といった点をクリアできているかを確認しながら、ほんの一口から増やしていくといいかもしれません。

□ウサギのおやつには果物や野菜などを乾燥させたものもよくあります。水分が少なくなっている分、栄養素が凝縮されています。与えすぎには注意しましょう。（66ページ「市販の乾燥野菜」もご覧ください）

□子ウサギにおやつを与えてよい時期は以下のとおりです。与えているもののなかから取り分けておやつにする（手で与える）なら迎えてすぐから（ウサギが落ち着いてから）、与えるものが野菜類なら3～4ヶ月以降からがいいでしょう。果物や穀類など嗜好性がとても高く、過度に与えないほうがいいものは、3～4ヶ月以降で、牧草やペレットを食べる習慣が十分に身についてからがいいでしょう。

□よくない行動を習慣づけないよう十分に気をつけてください。

　前述のように、爪切りなどがうまくできたときのご褒美でおやつを与えるのはいい使い方ですが、ウサギが嫌がって暴れて逃げ、爪切りがうまくいかなかったときにおやつを与えていると、「暴れて逃げればおやつがもらえる」と誤った学習をしてしまう場合があります。また、ケージの金網をかじっているのをやめさせようとおやつを与えていると、「金網をかじるとおやつがもらえる」と学習してしまいます。

3. 手作りごはんを楽しむ

愛情を形にできる手作りごはん

◆日々のメニューに彩りが出る

　犬や猫に加え、最近では鳥の世界でも手作りごはんが注目されているようです。材料を自分の目で見て選べる安心感や、旬の食材を与えられること、またなんといっても愛情を形にして与えられることが、手作りごはんの楽しみといえるでしょう。

　ここでは、ウサギに与える食べ物を手作りする方法について掲載しています。

　ひとつめは干し野菜です。毎日の野菜を干して与えることのメリットをご紹介します。おやつとして与えるドライフルーツも自家製が可能です。

　次に取り上げているのはウサギとの特別な日に与えたいスペシャルな手作りごはん。野菜を中心にしたヘルシーな一品は、見た目も楽しく記念写真としても思い出に残るでしょう。SNSでも映えますね。

　もしかしたら、スペシャルな日だからといつもよりちょっと多めに果物をあげてしまいました、ということもあるかもしれませんが、そのあとはやや控えめにあげるなどしてバランスをとるといいでしょう。

　そして手作りクッキーです。クッキーといっても小麦粉やバターで作ったようなウサギに不適当なものではありません。袋の底に残ってしまい、「もったいないな。これ、なにかに使えないかな？」と思うことも多いペレットや牧草の粉を活用しています。なにしろウサギの食べ物が原料ですから、安心して与えられるでしょう。

　ほかにも飼い主の皆さんから寄せていただいた、楽しく作って与えられる手作りごはんの情報もたくさんご紹介しています。

　次のコーナー以降に掲載しているベランダ菜園や牧草栽培、野草摘みも合わせて参考にしていただき、ウサギの日々のメニューに彩りを加えていただければと思います。

ウサギと楽しめる手作りにはいろいろある

干し野菜のススメ

◆毎日与える野菜を干す

野菜を干すことによって水分が減少するので、野菜で気になる水分過多を避けることができます。右の写真では、食べやすくカットした野菜を新聞紙に広げ、10時間ほど室内で水分を飛ばしました。約170ｇの野菜が約110ｇにまで減っています。全体のかさが減るので、牧草やペレットの邪魔をせずにいろいろな種類の野菜を与えることができます。

◆干し野菜でおやつ作り

干した野菜をおやつとして与えることもできます（右ページ）。水分が減る分、味が凝縮され、甘みが強くなるのでウサギが喜ぶおやつとなります。ここでは、コマツナ、ダイコン、ニンジン、ミニトマトを使いました。

早く乾くよう、なるべく薄くカットしましょう。ダイコンは皮をかつらむきにしてから細切りに、コマツナは茎に水分が多いので縦にカットし、ミニトマトは半分に切って種を取り除きます。

ざるや干し網に入れて乾かしましょう。温度や湿度によって乾燥するまでの時間が違うので、様子を見ながら取り込んでください。密閉容器に乾燥剤と一緒に入れて保存し、傷む前に早めに与え終わってください。空気の乾燥した時期を選んだり、市販の家庭用乾燥機を使うのもいいでしょう。

毎日与える分の野菜なら、食べやすい大きさに切って室内で広げておくだけでも水分が減ります。

天日干しするなら天気予報をチェック。晴れが続く日の日中に干します。

乾燥しやすい切り方をします。葉物野菜の茎は縦長に切るといいでしょう。

◆数日分を作りたいならしっかり乾燥を

　干し野菜をどう与えるかの目的で干し方も変えるといいでしょう。

　毎日与える野菜の水分を飛ばす程度なら、室内で野菜を広げておくくらいの干し方で問題ありません。その日のうちに与えてしまうなら保存性をそこまで心配しなくてもいいでしょう。

　おやつとして一度に何日分か用意しておきたいときは、かなりしっかりと乾燥させておく必要があります。乾燥した晴天の日に干すか、干した野菜や果物は人の食事にも取り入れられるものでもあるので一石二鳥と考え、右のようなドライフードメーカーを使うのも、ウサギと一緒に楽しめるいい方法です。

市販のドライフードメーカー。
室内で簡単に乾燥野菜・ドライフルーツが作れる。

◆自家製ドライフルーツを作ろう

　果物を干せば、自家製ドライフルーツになります。ただし果物は糖度が高く、乾燥しにくい点には注意が必要です。一度にあまりたくさん作らないほうがいいでしょう。写真はパイナップル。芯の部分は繊維が豊富ですし、比較的乾燥しやすいのでおすすめです。繊維に沿って切り、乾かしましょう。

干すことで、生のまま与えるのとは歯ごたえも変わり、味も濃くなります。いろいろな野菜で試してみると楽しいでしょう。

人は食べないパイナップルの芯ですが、しっかり干すと自家製ドライフルーツに変身します。保存には十分注意して。

食を介したコミュニケーション　手作りごはんを楽しむ

記念日を楽しむスペシャルプレート

普段は、牧草やペレットをメインにしていますが、ウサギのお誕生日などの記念日に、今日は特別！と、"食"で楽しむ飼い主さんは多いようです。ここでは、個性豊かなお祝いのお膳をお見せします！

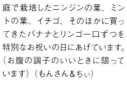

庭で栽培したニンジンの葉、ミントの葉、イチゴ、そのほかに買ってきたバナナとリンゴ一口ずつを特別なお祝いの日にあげています。（お腹の調子のいいときに限っています）（もんさん＆ちぃ）

お誕生日サラダとハーブの花束でお祝いします！（mayumiさん＆Glück）

好きな野菜と果物と「うさぎのおだんご」で作った文字や可愛い形のフードを盛りつけます。（＊tamaki＊さん＆きゅん太郎、ぽん太郎）

MASHIROと切り抜いて一晩干したニンジンです。1歳の誕生日、初めてニンジンの実とパセリを食べました。（ましまむさん＆ましろ）

記念日にひと粒売りをしている大きなイチゴを買ってきます。本当に大きいので3分の1くらい食べます。（MaRiさん＆Rand）

名前にちなんで、毎年の誕生日にはカボチャに数字を彫って写真撮影します！　その後、家族でおいしくいただきます。（あやぴさん＆かぼちゃ）

大好物のサンチュや生牧草に、ウサギ型のニンジンを飾り付けました。（まーぁさん＆まろん）

食を介したコミュニケーション　手作りごはんを楽しむ

102

ペレットと牧草の粉で作るクッキー

ペレットや牧草の袋の底に残った粉末を使って作るクッキーです。ウサギの抜き型を使ってウサギの形にした、かわいくて何度も作ってみたくなること間違いなしのクッキーです。（制作：おーさかやさん）

用意するもの
ペレットの袋の底に残っている粉末……適量
チモシーの袋の底に残っている粉末……適量
100％パインジュース（砂糖の入っていないもの）……大さじ1～2程度
リンゴ……適量

1 ザルでチモシーとペレットの粉末をよくふるっておく。

2 リンゴをすりおろす。ここではウサギの嗜好性を高めるために、すりおろしリンゴを使用。ほかには、「うさぎの乳酸菌」や乾燥パパイヤ、バナナ、ニンジン、タンポポの葉など、ウサギの好みのものをすり潰して加えてもよい。

3 ここまでの材料を全部ボウルに入れ、パインジュースを少しずつ加え、様子を見ながら混ぜていく。チモシーの繊維が多く、ボソボソするようならば、ペレットの粉末の量を増やす。

4 丸められる程度の粘りが出たら、麺棒や手の平などで平たく伸ばす。

5 適当な抜き型でくり抜き、クッキングシートを敷いた天板の上に並べる。

6 100℃のオーブンで約1時間じっくり焼いて水分を飛ばせば完成。焼くというより、乾燥させるイメージ。もちろん天日干しにしてもいいが、この方が早くて確実。

ワンポイントアドバイス
オーブンレンジに残る匂いが気になる場合は、使用後にミカンやオレンジなどの柑橘類系の皮とクエン酸液を染み込ませたおしぼりを一緒に1分ほどチンして、オーブンレンジ内の拭き掃除をすると匂いがすっきり取れます。

チモシークッキーのレシピ

①牧草の量に応じて、その半分以下のペレットを少量のお湯でふやかして、スプーンなどでつぶします。このとき、ペレットは粉っぽさが残る程度にするのがコツ。
②ペレットとチモシーの粉末を混ぜて、そこに全体がまとまるくらいのバナナを少しずつ加えてひとかたまりにします。
③❷を型などに上から1cm以内の厚さになるように、押しこみ成形します。
④トースターやノンフライヤー（またはオーブン）に❸を並べて入れ、アルミホイルでカバーして焦げないように焼きます。焼き上がりのクッキーは、手でちぎれるくらいの固さになるのがベストです。（関本あやめさん＆うーたん）

用意するもの
牧草の袋に残る粉……適量
ペレット……牧草の半量以下
バナナ……適量
お湯……少々

食を介したコミュニケーション　手作りごはんを楽しむ

自家製・野菜、葉っぱのおやついろいろ

ウサギが喜ぶ自家製・野菜、葉っぱのおやつのアイデアを飼い主さんから教えてもらいました！

◆乾燥リンゴを作り置き

ドライフードメーカーを使って乾燥リンゴを作っています。一度に約2～3個分のリンゴをスライスして、できあがりまで10時間。寝る前にスイッチを入れ、朝できあがるようにしています。繰り返し使えるシリカゲル乾燥剤を入れた保存瓶に入れて保存しています。（リエさん＆うーいちろう）

◆あげる前にはチェックを

新鮮なお野菜は生でもあげていますが、一度にたくさんはあげられないので乾燥させています。立派なニンジンの葉はリース状にして乾燥させると扱いやすく見た目もかわいいのでオススメです。乾燥野菜をあげるときはカビていないか虫がついていないかなども必ずチェックしてしています。（にちこさん＆ニッチ）

◆水耕栽培で育てる野菜おやつ

バジルやセリなどを水耕栽培で育てています。太陽の当たる窓際で水をきちんと換えてやること、水に挿すときは、切り口に気をつけて、下の方の葉を落としてやること、あと、過密になりすぎないように合う器を使うことで、上の写真のように立派に根が出ます。（美佳さん＆むぅ＆エム）

◆ビワの葉のお手製おやつ

年に一度農家さんからいただくビワの葉をお手製おやつにしています。ビワの葉は、裏に生えている細かな毛を古い歯ブラシでこすって落とします。新聞紙の上に広げて一晩置いたのち、網カゴに入れて2ヶ月くらい陰干しします。カラカラに乾いてパリパリになってからウサギにあげています。（Uさん＆ぽよ）

4. ベランダでミニ菜園

野菜を育てる

　ウサギにいつでも新鮮なとれたて野菜をあげることができる、家庭菜園。家庭で育てた無農薬・無化学肥料の野菜なら、安心して与えることができます。野菜のなかには、畑でなくともベランダでコンテナを利用して育てられるものがたくさんあります。特にウサギが好む葉野菜のなかには、ガーデニング初心者でも栽培できるものが多くあります。ベランダでウサギが喜ぶミニ菜園を始めてみましょう。

　殺虫剤を使わないとなると、害虫が心配になるかもしれませんが、毎日の丁寧な世話で虫がつくのを防ぎましょう。葉の上から水をかける、風通しの良い場所に置く、鉢底から虫が入らないよう鉢底ネットを敷く、などが予防になります。それでも虫がついたら、見つけ次第すぐに取り除いてください。虫がつきやすい場合は、防虫ネットで囲んで保護します。

　また、土は赤玉土に培養土をブレンドするか、「野菜の土」などとして売られている培養土の中から有機培養土を選んで使いましょう。

◆コマツナの育て方

　まずは初心者でも育てやすい葉野菜、コマツナに挑戦してみましょう。水やりは葉の上からコンテナ全体に行き渡るように行います。夏場は虫がつきやすいので、防虫ネットで対策を。

用意するもの
プランター、培養土、鉢底ネット、
鉢底石（大粒の赤玉土など）、
コマツナの種

1　土の準備
プランターの底に鉢底ネットを敷き、鉢底石を入れ、培養土を入れる。

2　種まき
土の表面に割り箸などをおしあてて筋を作る。2筋作る場合は、10〜15cm間隔をあける。1cm間隔で種をまき、5mmほど土をかけて手でおさえ、水をたっぷり与える。

3　間引き
種まきから1週間ほどして本葉が1〜2枚になったら、3〜4cm間隔に間引く。間引いて残した芽には、根元がぐらつかないよう土を寄せておく。この後も株が混み合うようなら草丈10cm前後を目安に2度目の間引きをする。2度目に間引いた株はウサギに与えられる。

4　収穫
草丈が20〜25cmになったものから収穫する。はさみを使って根元から収穫する。大きくなった葉から一枚ずつ収穫してもいい。

育て方のポイント
春夏はアブラムシがつきやすくなるので、虫が気になるときは、種まきと同時に防虫ネットをかけて育てるといい。水やりはネットの上からできるので、間引きや土寄せ、収穫のときだけネットを外して世話をする。もしくは、秋に種をまくと虫の被害を抑えられる。

◆ベランダで栽培できる野菜の例

コマツナ
暑さ、寒さに強く、ほぼ一年中栽培可能。種まき時期は3〜10月。種まきから30日ほどで収穫できるので、初めての栽培にもおすすめ。

パセリ
栽培は手間いらずで、冬を越して栽培できるので、長期間収穫できるメリットがある。種まき時期は3〜4月。

ミニニンジン
種まき時期は3〜5月と7〜9月。70日ほどで収穫可能になる。葉に虫がつきやすいので見つけたら取り除くようにする。

ラディッシュ
種まき時期は3〜6月と8〜10月。別名が二十日大根といわれるように、種まきから収穫までが30日と短期間で育つ根菜。

ルッコラ
別名ロケット。種はこの別名で売られていることが多い。4〜6月、8〜10月に種まきをする。1ヶ月半ほどで収穫できる。

サニーレタス
苗から育てるのがおすすめ。植えつけは4〜5月、9〜10月に行う。苗から育てれば1ヶ月ほどで収穫できる。

ミニチンゲンサイ
種まきは4〜9月まで。収穫まで20〜30日で、株丈10〜15cmで収穫できる。暑さ、寒さに強いが、夏場は虫がつきやすいので要注意。

キャベツ
大きめの鉢に1株あればベランダでも育てられる。苗の植えつけは8〜10月。日なたを好むが暑さに弱いので、温度が高くなりすぎないようにする。

ハーブを育てる

ハーブには多年草も多く、野菜よりも長い期間、栽培と収穫を楽しむことができます。レモンバームやミント、タイム、セージなどのように虫がつきにくいものもあり、あまり世話に手がかけられない……という場合にも最適です。料理やお茶などに使って飼い主も楽しめることも魅力です。

基本的には苗から育て、ある程度育ったら剪定を兼ねて収穫することになります。もちろん種から育てることもできますが、初めて育てる場合は苗の方が失敗が少なく、入手しやすいのでおすすめです。

◆レモンバームの育て方

基本的な世話は、剪定を兼ねて収穫しながら大きくしていくこと。日当たりのよいところに置いて、土が乾いたらたっぷりと水を与えます。育ちが悪くなったら、株分けをして植え替えをしましょう。

用意するもの
鉢、培養土、鉢底ネット、鉢底石（大粒の赤玉土など）、レモンバームの苗

1 植えこみ
鉢穴の上に鉢底ネットを敷き、鉢底石を入れ、鉢の6分めまで培養土を入れる。

苗を苗ポットから出し、割り箸などで根をほぐす。

用意した鉢の中に、苗の株元がうすく土を被る程度に植えつけ、たっぷりと水をやる。

2 追肥
生育期には定期的に追肥をする。株元から離れたところに穴をあけ、油かすを入れる。

3 収穫
苗が育ったら刈り込みを兼ねて収穫をする。根元から10〜15cmを残してはさみでカットする。

寄せ植えに挑戦しよう

野菜やハーブの栽培に慣れてきたら、寄せ植えに挑戦してみましょう。作り方は簡単。寄せ植えする苗を選び、一度苗ポットのまま鉢に入れ、バランスを見てレイアウトを決めます。後は決めた配置どおりに、それぞれの苗を植えつければ完成です。また、数種類のレタスの種を混ぜてまいたり、あらかじめ数種類の種が入っているミックスシードを利用したりしてもいいでしょう。一つの鉢で、様々な種類の味を楽しめるサラダガーデンが完成します。

寄せ植えする植物を選ぶ際は、日なたを好むもの同士、風通しのいい場所を好むもの同士など、なるべく生育条件の似たものを選びましょう。葉野菜だけでさまざまな種類を植えるなど、なるべく近い種類のものを組み合わせると失敗が少なくなります。寄せ植えするコンテナはなるべく大きいものを使用し、植物の成長を考えて植えすぎないようにしてください。

ハーブと野菜を寄せ植えしても構いません。寄せ植えすることで虫を寄せ付けないコンパニオンプランツを組み合わせるのも手。たとえば、キャベツとカモミールやタイム、セージ、ニンジンとパセリ、ラディッシュとチャービルのようなどちらもウサギが食べられる組み合わせを選べば、防虫効果と収穫アップの一石二鳥となります。

キッチンハーブの寄せ植え例。スイートバジル、パープルラックバジル、ジャーマンカモミール、ローズマリーを一鉢に。

ウサギのフンが肥料になる

コンテナで野菜やハーブを育てる際、追肥が必要になることがあります。化学肥料に代わる肥料として、有機肥料を使いますが、有機肥料は土の中で微生物に分解されてはじめて効果を発揮するので、効き目が現れるまでに時間がかかるものです。市販の有機肥料の中で追肥に向いているのは、比較的分解が早い油かす。根から離して土に埋めるか、水で溶かして液肥として使います。

そして、ウサギのフンも肥料として有効です。本来はフンから堆肥を作るのがベストですが、多頭飼いならともかく、一匹での飼育ならまとまった量のフンは集めにくいかもしれません。そのような場合、ウサギのフンを鉢に直接パラパラと撒いておくだけでも構いません。後は水を含んで崩れやすいように、うすく土をかけておきましょう。野菜やハーブだけでなく、観葉植物や花、樹木にも使うことができます。

ウサギのフンをワイルドストロベリーの株元に撒いて肥料に。

プチキッチンガーデニング

キッチンで育てられる再生野菜は手軽に始められるのでおすすめ。ニンジンやダイコンはヘタをカットして容器に入れ、ヘタにかぶらない程度に水を張ります。葉っぱが伸びたら摘んでウサギに。ミツバやセロリ、コマツナは根元をカット。ウレタンスポンジに穴を開けて埋め込むようにして水につけます。

ブロッコリーやルッコラなどのスプラウトの水耕栽培は、容器にキッチンペーパーを厚く敷いて水を吸わせて種を撒きます。必ず、スプラウト用として売られている種を利用してください。

再生野菜
ニンジンなどの根菜はヘタを、ミツバやセロリなどの葉野菜は株元を利用します。

水耕栽培
薄暗い場所で(種類による)発芽させ、5cmくらいに伸びたら日あたりのよいところに置きます。

5. 牧草を育てよう

生の牧草をごちそうに

日頃与える牧草は干した乾草になりますが、ウサギは生の牧草も大好き。自然で食べていた草により近いので喜んで食べます。牧草はもともと家畜の飼料として、丈夫で育ちやすい草が選ばれているので、家庭でも簡単に育てることができます。生牧草として販売されているものほど成長させるには畑で育てる必要がありますが、コンテナでも、ウサギが食べられる状態まで栽培することができます。日々のごはんというよりも、特別なごちそうとして庭やベランダで牧草を育てると、ウサギも喜んでくれるでしょう。

牧草の種は、ペット向けに少量を売っているものが、ペットショップやインターネット販売などで入手できます。種のほか、鉢や土まで揃っている専用の栽培キットも販売されています。ウサギ向けのセットもあるので、それを利用してもいいでしょう。

◆自分で育てられる牧草の例

イタリアンライグラス
イネ科の1〜2年草。日本でも家畜の飼料としてよく栽培されている。寒さに強く、低温で日照時間が短くても育つ。

エンバク
イネ科の一年草。オーツ麦とも呼ばれる。ネコ草としてペットショップなどで栽培キットや鉢植えが販売されている。

チモシー
イネ科の多年草。一度育てれば、長い間収穫することができる。耐寒性は強いが、高温に弱い。

クローバー
マメ科の多年草。シロツメクサでおなじみのシロクローバーと、アカクローバーがある。越冬して春にまた収穫できる。

◆牧草栽培キット

イタリアンライグラスの栽培セット
種と培養土、プラスチック容器がセットになっており、イタリアンライグラスを手軽に栽培できる。

大麦若葉の栽培セット
生牧草としては販売の少ない大麦若葉を自宅で手軽に育てられるキット。こちらも種と培養土、プラスチック容器がセットに。

チモシーの栽培キット
パッケージが植木鉢となり、チモシーの種、土(2種類)がセットになっている。育て方説明書付き。

牧草の育て方

牧草は日当たりがよく、風通しのいい場所で育てます。水はたっぷり与えますが、やりすぎると種や根を腐らせるので注意しましょう。

種まきをしてから、一般的な収穫時期になるまでは、2ヶ月くらいかかります。穂ができるまで成長してから収穫してもいいですし、土が少ないコンテナの場合は、草丈が15cm以上に成長した時点で刈り取って与えてもいいでしょう。長く栽培していて生育が悪くなり、葉色が薄くなったら肥料切れの証拠。追肥をしてください。

虫はつきにくい方ですが、暖かい時期にはアブラムシがつくこともあります。見つけたら取り除いておきましょう。

◆イタリアンライグラスの育て方

用意するもの
プランター、培養土、鉢底ネット、鉢底石（大粒の赤玉土など）、イタリアンライグラスの種

1 土の準備

プランターの底に鉢底ネットを敷き、鉢底石を入れ、園芸用の培養土を入れる。

2 種まき

土の表面に割り箸をおしつけるか、指を使って筋を作る。2筋作る場合は、3〜4cm間隔をあける。種をまいたら軽く土をかけ、水をたっぷり与える。ジョウロはハス口の目が細いものを使い、ハス口を上に向けて種が流れないようにやさしく水をかける。発芽を待つ間は土が乾かないように十分に水やりをする。4〜5日ほどで発芽する。

3 間引き

発芽して芽が混んできたら、5〜6cm間隔に間引く。

4 収穫

草丈が伸びたら、穂が出る前に収穫する。はさみを使って根元からカットする。

プランターで栽培したイタリアンライグラス

収穫したてのイタリアンライグラスをムシャムシャ

※イタリアンライグラスは、穂に鋭いトゲがあるので、ウサギには穂が出る前に与えましょう。

食を介したコミュニケーション　牧草を育てよう

6. 野草を摘みにいこう

野草を与えるメリット

　私たちの身近に自生している野草は、野菜や牧草よりもウサギが自然で食べていた植物に近いものです。なかにはお正月明けの七草がゆで知られているように薬効がある野草もあります。各季節で生き生きと茂っている旬の野草を摘んで与えれば、栄養に優れた補助食となるでしょう。

　野草を採取することは、飼い主にとっても、野菜やハーブを購入して与えるより経済的という利点があります。ただし、薬効が強いものもあるので、ウサギに一度に一種類をたくさん与えることは避けてください。一気に食べすぎると中毒を起こしてしまう可能性があります。野草を摘むときは、なるべく多くの種類を集めるようにしましょう（ウサギに与えられる野草は67ページを参照）。さまざまな種類の植物を少しずつ与えられることもまた、野草採取のメリットなのです。

野草マップを作っておこう

　災害時にウサギの食べ物の入手が困難になることもあり、野草がどこに生えているかをチェックしておくことは災害への備えにもなります。

　いつ起こるか予測できないのが災害です。寒くて緑の少ない季節に起こるかもしれません。タンポポ、ナズナ、ハコベなどは、ロゼットという花飾りのような形で地面に葉をへばりつけて冬を越します。日当りのよい場所を探してみるとよいでしょう。また、ビワは常緑樹なので、冬でも葉をつけています。

　植物図鑑などで確認し、四季を通じて摘むことのできるご近所の野草マップを作り、事前に知っておくことをおすすめします。

野草を摘む場所

◆野草採取に適した場所

　野草を摘む場所としては、野山や川の土手、自宅の庭などがあります。個人の私有地では、所有者の許可なしに採取できないので注意しましょう。野草がよそのお家の敷地内にあるときは無断で立ち入らずに、必ず声かけして、おすそ分けのお願いをしましょう。どこで採取するにしても、殺虫剤などがまかれていないか確認が必要です。身近に野草採取をしている人がいれば、採取場所を聞いておきましょう。

野草は危険のない場所で採取しよう

事前に近所の野草マップを作っておこう

公園の雑草を摘むという選択もありますが、殺虫剤や除草剤がまかれている可能性が高くなります。特に芝生が青々と茂っていて草が少ないところや、虫がつきやすい樹木の近くは要注意。必ず事前に公園の管理室などに確認してください。

◆ **野草採取に不適切な場所**

道路際に生えている草は、車の排気ガスで汚れている可能性があります。排気ガスの汚れは洗っても落ちないので、車が多い場所での採取は避けましょう。畑や田んぼの近くも、農薬がかかっている危険があるので採取できません。

また、増水中の川や土砂崩れなどの危険のある箇所には立ち入らないようにしましょう。

野草を摘むタイミング

野草を摘みに出かけるのは、晴れが続いた日が理想です。雨に濡れた野草は水分を多く含み、下痢の原因になったり、すぐ傷んだりすることが考えられます。また、晴れているのに濡れている野草には要注意。除草剤が散布されていたり、犬や猫の尿などがかかっていることもあります。濡れている葉がないところで摘むようにしましょう。

採取の方法

野草を摘みにいくときの服装は、長袖、長ズボンで。野山や草が深い土手に行く際は、長靴をはくと安全です。持ち物は手を保護するための軍手やゴム手袋、草を刈り取るためのハサミや鎌、野草を保管するカゴ（野草が蒸れないように。ビニール袋の場合は穴があいたものを用意します）、草の種類を確認するための野草図鑑。紫外線が強い時期は、帽子やサングラスも用意するといいでしょう。

草を刈り取る前に、図鑑などで種類を確認し、誤って毒草を摘まないようにしてください。草を刈る際は、汚れが少ない新芽近くの上の方を摘みます。

殺虫剤がまかれていない場所では、野草に虫がついていることも多々あるでしょう。虫は安全の指標ともいえますが、あまりに虫がついているものはウサギに与えられません。葉の裏や茎をよく見て、虫がついていない草を選びましょう。

採取した野草は、なるべく新鮮なうちにウサギに与えます。汚れが心配な場合はよく水洗いしてください。

草によっては、蒸れると有毒物が強くなるものがあるので、採取した草は速やかに持ち帰り、長時間放置して傷めることのないようにしてください。たくさん採取したときは、乾燥させると保存できます。ザルや新聞紙などの上に広げ、風通しのいい場所で天日干しにしてください。

食を介したコミュニケーション　野草を摘みにいこう

野草を摘むときのチェックポイント

☐ 殺虫剤・除草剤がまかれていないか
☐ 濡れていないか
☐ 葉や茎に虫がついていないかチェック
☐ 危険な場所でないかチェック
☐ 私有地は採取ＮＧ。事前に声かけして
☐ 摘む前に草の種類を図鑑でチェック

COLUMN

毒性のある植物

庭に生えていたり、観葉植物としてリビングにあったりする身近な植物のなかには毒性のあるものが存在します。毒性のある植物は以下のようなものです。（　）内は毒のある箇所です。ウサギがうっかり口にしないように遠ざけるようにしましょう。

ア行	アイビー（葉、果実） アサガオ（種子） アザレア（葉、根皮、花からの蜂蜜） アマリリス（球根） アヤメ（根茎） イカリソウ（全草） イチイ（種子、葉、樹体） イチジク（葉、枝） イチヤクソウ（全草） イヌサフラン（塊茎、根茎） イラクサ（葉と茎の刺毛） オシロイバナ（根、茎、種子） オモト（根） など
カ行	カラー（草液） キキョウ（根） キツネノテブクロ（葉、根、花） キバナフジ（樹皮、根皮、葉、種子） キョウチクトウ（樹皮、根、枝、葉） クサノオウ（全草、特に乳液） クリスマスローズ（全草、特に根） ケマンソウ（根茎、葉） ゴクラクチョウカ（全草） など

サ行	シキミ（果実、樹皮、葉、種子） シクラメン（根茎） ジンチョウゲ（花、葉） スイセン（鱗茎） スズラン（全草） など
タ行	タケニグサ（全草） ダンゴギク（全草） チドリソウ（全草、特に種子） チョウセンアサガオ（葉、全草、特に種子） ツタ（根） ディフェンバキア（茎） ドクゼリ（全草） トマト（葉、茎） など
ナ行	ナンテン（全体） ニセアカシア（樹皮、種子、葉など） など
ハ行	ヒガンバナ（全草、特に鱗茎） ヒヤシンス（鱗茎） フィロデンドロン（根茎、葉） フクジュソウ（全草、特に根） ベゴニア（全草） ポインセチア（茎からの樹液と葉） ホウセンカ（種子） ボタン（乳液） など
マ行	モクレン（樹皮） モンステラ（葉） など
ヤ〜ラ行	ユズリハ（葉、樹皮） ヨウシュヤマゴボウ（全草、特に根、実） ルピナス（全草、特に種子） など

みんな気をつけようね！

part 5

目的別・食事の与え方

ウサギの寿命が伸び、高齢ウサギと暮らす年月も長くなっています。高齢ウサギをはじめ各ライフステージごとの食事の与え方を紹介します。小型種のウサギや太りやすいウサギなど個性に応じた与え方も知っておきましょう。病気のときに必要な、回復の助けになる食生活についても解説します。

1. ライフステージ別の与え方

ライフステージに応じた食生活を

　ウサギは、誕生すると母乳を飲んで育ち、離乳の時期になると自分でものを食べられるようになります。そして成長期を経て大人のウサギになり、高齢になると老化が進みます。このように、ウサギの一生にはいくつものライフステージがあります。それぞれのライフステージでは体の成長度合いや活動量が異なるため、必要とする栄養要求量や必須エネルギー量が違ってきます。また、消化管の働きにも違いがあります。ライフステージに応じた食事を与えることはとても大切なのです。そうすることによって、子ウサギはすくすくと成長することができ、高齢ウサギはゆっくりと年を重ねていくことができます。

　ただし注意しなくてはならないこともあります。成長の度合いや老化の度合いは個体によって異なるので、「この年齢になったらこういう食事に切り替えなくてはならない」と機械的に対応するのはいいことではありません。また、いきなり食べ物を変更すると警戒して食べなくなってしまうこともあるので、その個体に合わせた時期に、時間をかけて切り替えていく必要があります。

　各ライフステージごとの特徴を知り、適切な食事内容を考えてみましょう。

ウサギのライフステージ

誕生〜離乳
（誕生から生後8週くらい）

離乳〜成長期前期
（8週〜3、4ヶ月くらい）

〜性成熟（3〜7ヶ月くらい）〜

成長期後期
（3、4ヶ月〜1年くらい）

維持期
（1年〜7、8歳くらい）

高齢期
（7、8歳以降）

いっしょに生まれた子ウサギのきょうだい

離乳前の子ウサギ

　ペットショップやブリーダーから子ウサギを迎える場合、一般には生後6〜8週以降が推奨されています。この頃にはもう自分でしっかり食事をできるようになっています。ところがまれに、まだ完全に離乳を迎えていないような生後1ヶ月くらいの幼い子ウサギが販売されていることがあります。離乳を終えていない個体を販売することは法律で禁止されていますが、離乳前の子ウサギを迎えることになった場合には、より細心の注意が必要となります。

　この時期の子ウサギの消化器官はとても繊細です。母乳によって守られていた消化器官が、大人の消化器官へと大きく変化する時期だからです。大人のウサギの胃内pHは強い酸性（pH1〜2）なので病原菌の侵入を防ぐことができますが、離乳前の子ウサギは胃内pHが高いため（pH5〜6.5）、病原菌の侵入を防げないうえ、腸内細菌叢も確立していません。また、子ウサギは大人のウサギに比べるとデンプン質を効率よく消化吸収できず、盲腸で病原菌が増殖する要因になります。このような状態で子ウサギにストレス（食事・環境・寒暖の変化、移動ストレスなど）がかかれば簡単に病原菌が増殖し、激しい下痢を起こし、死亡する危険があるのです。

◆離乳前の子ウサギの食事

食事内容を急に変更しない

　急に食事内容を変えず、しばらくの間は迎える前に与えられていたものと同じ内容の食事を与えるようにします。もしミルクを与えていたなら、同じようにしてください。子ウサギは生後3週をすぎると固形物も食べるようになっているので、牧草やペレットを与えられていたなら、同じものを与えてください。

食事内容の変更は慎重に

　ミルクを与えていたなら徐々に減らしていき、最終的には与えるのをやめます。牧草やペレットを別の種類に変えるときは、以前のものを少しだけ減らし、その分新しいものを加え、その割合を徐々に変えていくようにしてください。

栄養価の高い食事

　牧草は高タンパクなアルファルファを与えます。ペレットは成長期用やアルファルファを主原料にしたものを与えます。牧草とペレット以外のものを与えるのは生後3、4ヶ月くらいからにします。できるだけデンプン質の少ないものが望ましいでしょう。

【注意】食事内容のほかに、温度管理や強いストレスを与えないことも大切です。

目的別・食事の与え方　ライフステージ別の与え方

ウサギ用のミルク

離乳前の子ウサギたち（生後18日目）

離乳前の子ウサギ

- 消化器官が大きく変化する繊細な時期
- 食事内容を急激に変化させない
- ミルクを与えていたなら同じようにし、徐々に減らす
- 牧草はアルファルファ、ペレットは成長期用かアルファルファが主原料のものを
- デンプン質の多給は厳禁

成長期（前期）の子ウサギ

ウサギは生後1年くらいまでが成長期にあたります。早いと生後3ヶ月ほどで性成熟します（遅くても7ヶ月くらい）。体の成長はおおむね8ヶ月くらいで続き、生後1年くらいになると精神的にも落ち着いた大人のウサギになります（成長過程には個体差はあります）。ここでは、生後3、4ヶ月くらいまでを成長期（前期）、1年くらいまでを成長期（後期）とふたつの時期に分けて説明します。

前述のように、子ウサギを迎える場合は生後6～8週以降が適しています。この時期の子ウサギに必要なのは、体の成長を支える食事であり、生涯にわたってのベースとなる食事です。成分としては高タンパクで、適切な量のカルシウムを含む食事が体作りには欠かせません。

また、ウサギの基本の食事である牧草とペレットにしっかりと慣らすことが必要です。腸内細菌叢のバランスがまだ取れていない時期なので、いろいろなものを日替わりで与えるのではなく、基本的には決まったものを与えるようにしましょう。

◆成長期（前期）の子ウサギの食事

ペレットは食べきる量を

成長期にはペレットは無制限に与えてよい、といわれますが、なくなったら継ぎ足して、常に食器に入っている状態ということではありません。朝に与えたペレットが夕方までには残らずなくなるくらいの量がよいとされています。ペレットの種類は成長期用やアルファルファを主原料にしたものを与えます。できるだけデンプン質の少ないものが望ましいでしょう。

アルファルファ牧草を与える

栄養価が高いアルファルファを主体に与えます。3、4ヶ月をすぎたらチモシーなどのイネ科牧草も与えることになるので、わずかずつ混ぜて与えてもいいでしょう。

大人になったら牧草が量としても主食になりますが、この時期は朝と夕方にそれぞれひとつかみ程度を目安にします。

ペレットと牧草、飲み水以外はまだ与えない

まずは決まった食べ物を与え、腸内細菌叢のバランスがとれるようにしていきます。野菜などは3、4ヶ月を過ぎてから与え始めるのがいいでしょう。

食事内容の変更は慎重に

離乳前の子ウサギと同様に、ペレットや牧草の種類を変更しようと思う場合は、時間をかけて少しずつ変えていってください。まずはペットショップやブリーダーで与えていたものと同じものを与えるようにします。食事内容の切り替えは、大人のウサギの場合よりも時間をかけたほうがより安心でしょう（2～3週間）。

母親ウサギの好みを聞いておく

ブリーダーから、あるいはブリーディングをしているペットショップから迎える場合は、母ウサギの好き嫌いも聞いておくといいでしょう。母ウサギと一緒にいた時期に母ウサギが好んでいた食べ物を好むようになるともいわれます。

ペレットや牧草をしっかりと食べさせて

成長期（前期）の子ウサギ

- 牧草とペレットにしっかり慣らす時期
- 牧草はアルファルファ、ペレットは成長期用かアルファルファが主原料のものを
- チモシーなどのイネ科牧草をわずかずつ混ぜる
- デンプン質の多給は厳禁

成長期（後期）の子ウサギ

生後3、4ヶ月くらいから生後1年にかけての子ウサギは、体も成長し、自立心も強くなっていきます。食事に関して大切なことはまず、しっかりとした体格になるよう、体を十分に成長させることです。ペレット主体だった食事から牧草主体に少しずつ切り替えていきますが、よほどの肥満によって獣医師の指導があるようなとき以外はダイエット（減量）は考えないでください。

また、いろいろな食材に対するハードルを下げるのにもよい時期です。生後3、4ヶ月くらいになると腸内環境も落ち着いてくるので、ペレットと牧草以外の食べ物も少しずつ与えていくといいでしょう。警戒心よりも好奇心のほうが強い頃にいろいろな食べ物に慣らしておくと、大人になってから目新しい食べ物と遭遇したときに拒絶することが少なくなります。ウサギに与えてもよいものの範囲で、いろいろな食べ物に慣らしておきましょう。

食事についてのよい習慣をつける時期でもあります。いろいろな食べ物を与えていくなかで特に好きな食べ物が見つかるかもしれませんが、まずペレットと牧草をしっかり食べたあとで与えるようにし、おねだりされたから与えるという習慣はつけないようにしたほうがいいでしょう。

◆成長期（後期）の子ウサギの食事

ペレットの量を徐々に制限する

徐々にペレットの量を制限し、牧草をたくさん食べさせるようにしていきます。与えているペレットに書かれている規定量（体重の5％など。ペレットによって異なる）を目安にしますが、時間をかけてわずかずつ制限していきましょう。

牧草の与える量を増やす

ウサギに多い消化器の病気や歯の病気は牧草を十分に食べることで予防できる場合が多いので、牧草をたくさん食べる習慣をつけていきましょう。成長期なのでアルファルファを与えますが、チモシーなどのイネ科の牧草も与えます。大人になったらイネ科の牧草が主食になるので、時間をかけてアルファルファとイネ科牧草の割合を少しずつ変えていきましょう。

食べられる食材を増やしていく

野菜や野草をはじめとしたウサギに与えてもいいさまざまな食材を少しずつ取り入れていきましょう。一度に与えるのは一種類をごく少量から始め、便が柔らかくなることはないかなどを観察してください。異常があったら与えるのをやめてください。

成長度合いや健康状態をチェックする

個体差はありますが、体の成長はおおむね8ヶ月くらいまで続きます。体重が順調に増加し、しっかりした体格になってきているかを確認しましょう。牧草を食べる量が増えてくると便の大きさが大きくなってきます。食事内容を変更しているときや、新しい食べ物を与えたときなどは特に、排泄物の状態を観察してください。

成長期（後期）の子ウサギ

- 体重の順調な増加、しっかりした体格かどうかを確認
- 牧草をたくさん食べるようにしていく
- アルファルファもチモシーも両方、与える
- 食べられる食材（野菜など）を
  与え始める

野菜デビューは生後3、4ヶ月を過ぎてから

大人のウサギ

　生後1年ほどで、ウサギは大人になります。体の成長は止まり、いわゆる思春期（性成熟したあと独立心が目覚めてなわばり意識が強くなったり攻撃的になったりする時期）も落ち着いてくるときです。予防的に避妊去勢手術を行うなら性成熟をしてから生後1年くらいまでの間がよいといわれています。

　生後1年から高齢期になる7歳くらいまでが、人でいえば壮年期・中年期といった時期になるでしょう。ここでは「大人のウサギ」と称していますが、「維持期」ということもあります。ライフステージ別のペレットの種類だと「メンテナンス」とされている時期のことです。

　獣医療の進歩や飼育環境の向上などによってウサギの寿命は伸び、高齢になってからも長く一緒にいられるようになってきました。高齢期の健康をより長く続かせるには、大人の時期の過ごし方もとても大切です。健康状態を高いレベルで維持し、「健康の貯金」をたくさんもって高齢期を迎えられるようにしましょう。

　また、高齢になったり、若いうちでも病気になり、介護が必要になる場合もあります。食生活では、シリンジで食べ物を与える練習をして、飼い主もウサギもそれに慣れておくのもいいことでしょう。

◆大人のウサギの食事

ペレットの量を徐々に制限する

　大人のウサギに与えるペレットの量としては、「体重の1.5％」が推奨されています。成長期に与えていた量から、時間をかけて少しずつ減らしていきましょう。ペレットを減らした分は、牧草をたくさん食べてもらいます。

　ただし、どんなウサギも「体重の1.5％」にすればいいわけではありません。健康なしっかりした体格を維持することが重要ですから、ペレットを減らしていく過程で「痩せてきたかな」「毛並みが悪くなってきたかな」と感じるときがあったら、それ以上減らさず、よい体格を維持できる量のペレットを与えるようにしてください。それがそのウサギにとっての適量です。

イネ科牧草を主食にする

　大人のウサギの主食はチモシーなどのイネ科牧草です。常にケージの中に用意しておき、いつでも食べられるようにしておいてください。チモシー一番刈りが最もおすすめの牧草ですが、あまり好みではないならそれ以外のイネ科牧草でもよいので、たくさん食べてもらいましょう。イネ科の牧草を十分に食べることは、消化管や歯の病気の予防になります。

ペレットの切り替えは慎重に

　成長期用のペレットから大人用（維持期用、メンテナンス）に変更したり、別の種類のペレットに変更しようと考えている場合は、長期計画で行うようにしてください。ウサギのなかには目新しい食べ物に対して強く警戒心をもつ個体がいて、いきなり新しいペレットを与えるとまったく食べなくなってしまうことがあります。そのようなことのないよう、ペレットを切り替えるときは現在与えているものをわずかに減らし、その分、新しいペレットを加え、その割合を少しずつ変えていくのがよいでしょう。

　食べ物への警戒心が強いウサギだと、同じ種類のペレットであっても、新しく開封したもののほうを食べない場合があります。原材料がわずかに違うなど、微妙な違いに気がつくようです。この場合も同じように時間をかけて与えるほうが安全です。

　また、ペレットに限らず、食べているものを大きく変更した場合、腸内細菌叢のバランスが崩れて下痢や軟便になることがあるので、その点でも慎重さが必要です。

大人（維持期）のウサギ

- 体の成長が止まり、心身ともに落ち着く時期
- ペレットの量は「体重の1.5％」を目安にする
- イネ科牧草を主体にする
- 野菜もバランスよく、主食の邪魔にならない程度に与える

野菜もバランスよく

野菜も毎日3、4種類ほどをバランスよく、牧草やペレットの邪魔にならない程度に与えましょう。ウサギに与えてもよいものの範囲内で、野菜や野草なども多くの種類に親しませ、大好物を探しておくと、少し食欲の落ちたときに役立つこともあります（病気で食欲がないときは治療を受けましょう）。

牧草はおいしいなあ

COLUMN
シリンジに慣れさせよう

病気のためや高齢になったとき、投薬や強制給餌を行う必要が出てくる場合があります。そのときに飼い主もウサギもストレスなく行えるよう、若いうちからシリンジ（注射器のポンプ部分）に慣らしておいてもいいでしょう。時々おやつとしてシリンジで少量の野菜ジュースを与えるなどして、シリンジからはおいしいものがもらえると覚えてもらいます。

シリンジは理由を話して動物病院から購入できる場合があります。ジェントルフィーダー、注入器、フードポンプなどの名称でも強制給餌用の器具が市販されています。

シリンジから飲み物を与える際に注意するのは、誤嚥（誤って食道ではなく気道のほうに入ってしまうこと）させないことです。実際にウサギに与える前に、どのくらいの力を入れるとどのくらい中身が出てくるのかなど飼い主が練習しておいてください。

COLUMN
妊娠中・授乳中のウサギの食事

妊娠中、胎子は胎盤や卵黄嚢を経由して母親から栄養を受け取っています。母ウサギが十分な栄養を摂取できているかどうかは、ダイレクトに胎子に影響します。妊娠中の栄養供給が制限されると、胎子の成長率が減少することや、出生後の成長、寿命などにも影響することが知られています。

出産後には、子ウサギは母乳を介して栄養を受け取ります。ウサギの乳汁成分は、タンパク質10.4％、脂質12.2％、糖分1.8％（「実験動物の生物学的特性データ」より。資料によって差あり）となっています。

母乳のなかでも特に初乳は栄養価が高く、子どもの体を守る免疫物質が含まれているとても大切なものです。母ウサギには、安心して授乳できる静かな環境が必要です。

ウサギの子育ては特徴的です。授乳時間が1日1、2回、わずか3〜5分程度という非常に短いものです。母ウサギがべったりといつも子ウサギと一緒にいるわけではありませんが、十分な質と量の母乳を与えています。ストレス、栄養不足、飲み水の不足などがあると十分な母乳が出なくなります。

妊娠中・授乳中の母ウサギには、適切な食事と十分な飲み水を与えることが大切です。ペレットや牧草をしっかりと食べているなら、過度に高カロリー、高タンパク、高カルシウムな食事を与える必要はありません。ただし、痩せてきたり、採食量が減っているようなら、アルファルファを与えるなど、高タンパクな食べ物を加えるようにするといいでしょう。

高齢期の元気なウサギ

かつては5歳になれば長生きといわれていたウサギですが、今では長生きをするウサギも多く、7、8歳くらいから高齢というのが一般的になってきました。

とはいえ個体差は大きく、10歳をすぎても健康で、飼い主の介助が不要なウサギもいれば、早いうちからさまざまな老化現象が見られるウサギもいます。また、健康に見える高齢ウサギでも、健康診断をしてもどこも問題のないウサギもいれば、見えないところで問題が見つかるウサギもいます。

ここでは、飼い主が手を貸さなくても問題なく暮らしている高齢ウサギと、手助けが必要な高齢ウサギに分けて説明します。

ただし、元気いっぱいな高齢ウサギでも、歳を重ねていることにより、見えないところで老化が進んでいることは頭に入れておきましょう。

また、体に起きる変化が老化によるものではなく病気の場合もあります。動物病院で診察を受けたり定期健診にこまめに行くことも必要でしょう。その際に食事に関するアドバイスを受けるのもいいことです。

高齢になると食べ物の好みが変わったり、食べ方に変化が見られることもよくあります。高齢ウサギに対してはおおらかな気持ちをもつことも大切です。「絶対にこれを食べなくてはいけない！」と無理をさせるよりも、食べてくれるものの範囲内で健康な食生活を模索するのもいい方法です。

◆食に関連する、老化による変化

一般的に見られる老化による変化のうち、食に関連するものには以下のようなことがあります。個体差があるので、すべてのウサギに同じことが起きるわけではありません。

・噛む筋力の衰えにより、食べるのに時間がかかるようになる
・噛む筋力の衰えにより、硬いものが食べづらくなる
・歯の老化（ぐらつく、抜けるなど）により、ものが食べづらくなる
・消化器官の衰えにより、軟便や下痢になったり、消化管うっ滞を起こしやすくなる
・運動をしなくなることで、太りやすくなる
・消化器官の衰えや食べる量が減ること、筋肉量が衰えることで、痩せてくる
・体の痛みなどにより、盲腸便を食べづらくなる
・体の痛みなどにより、給水ボトルから水を飲みづらくなる
・嗅覚の衰えにより、食べ物のにおいへの反応が悪くなり、食欲が落ちる

◆元気な高齢ウサギの食事

もっている能力は生かして

まだ硬い牧草をしっかりと食べられているなら、高齢だからと柔らかい牧草にすべて切り替えることはないでしょう。食べている様子、体格や便の状態なども観察しながら、その個体の状況に応じた食事を考えていきましょう。

必要に応じたペレットの変更

高齢ウサギが増えていることから、高齢期のウサギを対象にしたペレットも増えています。必要に応じてペレットの種類を変更することを検討するのもいいでしょう。詳しくは「シニア用ペレットへの切り替え」をご覧ください。

ペレットの切り替えは慎重に行いましょう（大人のウサギの「ペレットの切り替えは慎重に」54ページ参照）。特に高齢になってから食べなくなったり、腸内細菌叢のバランスが崩れるようなことがあると体力を消耗しますから、十分に注意してください。

必要に応じた牧草の変更

チモシー一番刈りのような硬い牧草が食べにくくなってくることがあります。チモシー三番刈りのよう

元気な高齢期のウサギ

● 高齢かどうかは年齢だけでなく健康状態や活動性で判断
● 必要に応じて食事の切り替えを行い、ストレスのないように
● 食べ物の与え方や食欲を増進させる工夫も必要

な柔らかい牧草もあるので、食べやすい牧草を十分に与えるようにしてください。また、痩せてくる場合には、イネ科牧草のほかに高タンパクなアルファルファを与える方法もあります。ただし、カルシウム尿（135ページ参照）が出るような場合は控えます。

繊維質の多い食生活を

本来ならイネ科牧草を十分に与えるのがベストですが、牧草をあまり食べなくなってきた場合には、なるべく繊維質の多い食べ物を与えることを心がけてください。原材料に牧草を多く使っている、牧草をペレット状にしたフードを取り入れるのもよいでしょう。若いうちから野菜をたくさん食べているウサギなら野菜を多めに与えることもできます。

食べ物の与え方に工夫を

若いときと同じような与え方だと食事しにくく、採食量が減ってしまうことがあります。牧草入れや食器は食べやすい位置にあるか確認しましょう。位置を低くしたり、引っ張り出すタイプの牧草入れからケージの床に直接置くようにするなど、必要に応じて与え方を見直します。

食べ物自体に手を加えるとよいこともあります。ペレットを噛み砕くのが大変そうならふやかしてから与える、牧草を噛み切るのが大変そうならカットしてから与えるといった方法です。

飲み水は十分に与える

給水ボトルから水を飲むために首を上げるのが苦痛になるなどして、飲水量が減ることがあります。飲み水をお皿タイプの給水器を使うなど、水が飲みやすい環境作りをしましょう。お皿タイプを使う場合は食べかすや排泄物、抜け毛などが水に入りやすいのでこまめに水の交換を。

給水ボトルの種類を変えることに対応できない場合もあります。給水ボトルから飲む量だけでは足りないようなら、シリンジでも与えたり、給水ボトルの飲み口を口元にもっていくことで飲んでくれることもあります。

食欲増進の秘密兵器を見つけておく

病気ではありませんが、ちょっと食欲が落ちているようなときは、嗜好性の高い食べ物、香りの強い野菜や、葉を揉むなどして香りを高めた牧草などを与えると、食欲増進になります。大好物のおやつを少し与えることが食欲の「呼び水」になることもあります。おやつばかり与えるのは健康上、問題がありますが、食欲増進やウサギの楽しみのためにも、上手に取り入れるといいでしょう。

> **COLUMN**
> ### シニア用ペレットへの切り替え
>
> 高齢期用（シニア用）ペレットには目安としての年齢が書かれていますが、必ずしも「○歳になったらシニア用に切り替えなくてはならない」ということはありません。オールステージのペレットをずっと与えていても問題はないのです。
>
> シニア用ペレットへの切り替えを考えるときは、製品の特徴もよく確認して、個体に合ったものを選ぶといいでしょう。
>
> 栄養価に関しては大きくふたつに分けられます。大人用（維持期用、メンテナンス）よりも高タンパク、高カロリーなペレットで、高齢になって採食量が減っても、十分に栄養が摂れるようにしているタイプ、大人用よりも低タンパク、低カロリーなペレットで、運動量が減るなどして太りすぎることを予防するタイプのふたつです。とても活発なのに低カロリーなペレットにしたら痩せてしまったということもあります。獣医師に相談するといいでしょう。
>
> また、アガリクス、グルコサミンをはじめとしたさまざまな機能性原材料が添加されているシニア用ペレットも多くあります。機能性に期待したい場合はこうしたペレットを与えるのもよいのではないでしょうか。

10歳のオスのウサギ。その子の状況に応じて食事内容を考えましょう

介護が必要な高齢期のウサギ

老化による大きな体の変化があったり、通常どおりの食生活が難しい病気になるなどして、食事の際に飼い主の手助けが必要になるケースがあります。具体的には、歯が悪くなるなどしてそれまで通りの牧草やペレットが食べられない、足腰が悪くなったり、斜頚（しゃけい）などの神経性の病気のために食事をする体の姿勢を維持するのが難しい、などがあるでしょう。

採食量が大きく減れば痩せてしまい、エネルギーが不足し、体力もなくなってしまいます。水が十分に飲めないことで食欲がなくなる、消化管の動きが悪くなるといったこともありますし、ひどくなれば腎臓の病気になったり脱水状態になることもあります。

介護が必要なウサギに対する飼育管理には衛生面のケアなどもありますが、ここでは食事に絞って取り上げます。

なお、歯の悪いウサギの食事については128ページをご覧ください。

◆要介護のウサギの食事

自分の体を支えているのが難しい場合

四肢で体を支えるのが難しいと、ふらついたり倒れてしまい、うまく食事ができません。食器のあるところまでウサギを誘導し、手で体を支えてあげてもいいでしょう。また、クッションなどを利用してウサギの体を支えてあげることができます。たとえば、ある程度深さがあり、手頃な大きさのペット用寝床やかごなどを食事場所とし、クッションや丸めたタオルなどを使ってウサギの体を左右から支え、ウサギの口元に食器を置く方法があります。サイズの合うものがあればU字型のクッションも活用できるでしょう。

自力で食べる量だけでは採食量が少ないようなら、食べ物を口元までもっていって食べさせるなどの給餌の補助も検討しましょう。

飲み水の与え方

体を支えていればお皿から水が飲めるならそのようにしてもいいでしょう。水に顔を突っ込んでしまうようなことがある場合は、シリンジなどで水を飲ませるようにすると安全です。もともと野菜をよく食べているウサギなら、生野菜を与えることでも多少は水分供給の助けになります。

立ち上がるのが難しい場合

寝たきりの場合は、1日に3〜4回程度、もしくは一日に何度かに分けて、食べ物を口元にもっていって食べさせましょう。飲み水も与えます。

口元に食べ物を置いておけば食べられるウサギもいます。飼い主が留守にするときはそのような形で食事を用意しておくことができるでしょう。

要介護のウサギに与えるもの

どんなものを与えるかはウサギの状態や好みなどによります。ペレットはそのまま与える、少しふやかしてから与える、ふやかしたものをお団子状にして与える、ドロドロの状態にしてスプーンで与える、強制給餌する（134ページ参照）といった方法があります。牧草は、柔らかいものを短くカットして与えると食べやすいでしょう。野菜を与えるときも食べやすいサイズにカットしましょう。

食欲を増進させるには

飲み水不足が食欲を衰えさせることはあるので、十分な飲み水を与えることを心がけてください。大好物を少し、与えるのも食欲を増すきっかけになるでしょう。また、飼育下での観察では朝6時と夕方4時〜6時に採食量が増えるというデータがあるので、この近辺を食事時間にするのもいい方法です。食器の深さや置き方で食べやすくなることもありますので、様子をよく観察しましょう。

高齢期ウサギに食事の介護が必要なとき

- 自分で体を支えるのが難しい
- 立ち上がれず寝たきりになる
- 歯が悪くなり、それまでの食事が摂れない

2. タイプ別の与え方

タイプによって考えたい食生活

　ペットとして飼われているウサギは、どんな品種でも皆、ひとつの同じ種です。草食動物であるという食性や、飼育下で与える食事として牧草が重要であるということなどに違いはありません。

　しかしウサギはもともと家畜として品種改良されてきた経緯があるため、生産性を上げるために太りやすい傾向の品種があるなど、品種による特性もあるようです。

　また、同じ品種を同じように飼っていても、太りやすかったり太りにくかったりなどの体質の違いも存在します。食事に関わる個性（食べ方やこだわりなど）もあるでしょう。ウサギとしての基本的な食事内容は同じなので、そこから逸脱することのないようにしつつも、こうしたタイプ（品種の特性、体質や個性など）も考えながら工夫することで、よりよい食生活を送らせることができるでしょう。

小型種の食事

　ネザーランドドワーフやドワーフホトなどの小型のウサギです。顎が小さいことから臼歯の不正咬合への注意が必要です。ネザーランドドワーフは神経質な個体が多いといわれており、ストレスが引き起こす消化管うっ滞への配慮もしたほうがよいでしょう。

　小型種のウサギは「小柄であること」が魅力のひとつですが、体を大きくしたくないからと成長期に食事量を制限するようなことはあってはならないことです。成長期には適切な量の食事を与えることが必要となります。

　不正咬合や消化管うっ滞を予防するためにも、牧草を十分に食べさせるようにしましょう。

長毛種の食事

　長毛種の代表格はイングリッシュアンゴラなどのアンゴラ種です。ペットとして飼われているなかではジャージーウーリーがおなじみでしょう。

　ウサギは体をなめて毛づくろいするので、抜け毛を飲み込んでしまうのはしかたのないことですが、消化管の動きが適切なら排出されていくので問題はありません。飲み込む抜け毛の量が多いと過度に溜まってしまうこともあるので、こまめなブラッシングとともに牧草を十分に与えて繊維質の摂取量を増やすことが大切です。

　被毛の原料となるタンパク質の摂取もポイントとなります。長毛種では、特に換毛期には状況に応じて、ウサギに適したペレットのなかから比較的高タンパクなものを選ぶといいかもしれません。

小型種
（左ネザーランドドワーフ、
右ホーランドロップ）

長毛種。イングリッシュアンゴラ

太りやすいウサギの食事

ウサギが太りやすいという場合、大きくふたつの理由が考えられます。ひとつは品種の特性として肉付きがよくなりやすいという場合です。もうひとつは、おやつの与えすぎなど、食べすぎによる場合です。いずれにしても、摂取するカロリーが消費するカロリーよりも多いために肥満になります。

体つきががっちりしているのは望ましいことですが、肉付きがよいのと肥満とは異なります。肥満には多くのリスクがあります。適切な食事を与えることで肥満を予防し、改善していきましょう。

◆太りやすい品種のウサギの食事

ウサギの品種のなかでは、ロップイヤーの系統とレッキスの系統が太りやすいといわれています。過剰に太りすぎにならないよう注意しましょう。

体の基礎づくりの時期である成長期には適切な量の食事を与えてください。大人になったらまずは一般的な大人のウサギに与えるべき食事を与えるようにします。チモシーなどのイネ科牧草を十分に与え、ペレットは体重の1.5％を目安に徐々に減らしていきます。加えて適度な運動もさせましょう。おやつの与えすぎには注意してください。

それでも太りすぎてしまう場合は、おやつの見直しやペレットの変更などを検討しましょう。ただし、もともと肉付きのよい体格が適正な品種です。本当に太

肥満のウサギでは矢印の辺りにたるみが目立つ

太ると毛づくろいがしにくくなってしまう

りすぎているのかを動物病院で診てもらっておくとよいでしょう。

◆食べすぎ（与えすぎ）で太りやすいウサギの食事

食欲旺盛でよく食べるのは健康的でとてもよいことです。ところが与えている食事が太りやすいものだと、肥満になってしまいます。太りやすいウサギの場合、食事の「量」と「質」の両方を見直します。ただし量は、過度に与えすぎているなら減らしたほうがいいですが、減らしすぎは禁物です。質は、ペレットを低カロリーなものにしたり、おやつを見直すなどによって改善することができます。

家族でウサギを飼育している場合にありがちなのが、全員が「ちょっとだけ」とおやつを与えているために結局、たくさん食べさせてしまっているというケースです。家族で話し合って、「○曜日はお姉ちゃんがおやつ当番」などと決めておくのもいい方法です。

◆ダイエットの方法

太りすぎていること自体は病気ではありませんが、過度な肥満には、手術や麻酔のリスクが高まる、心肺への負担、関節や足の裏への負担、毛づくろいがしにくく皮膚疾患になりやすい、熱中症になりやすいなど、健康上の問題が数多く存在します。太りすぎていると運動を嫌がるようになるため、ますます太るという悪循環にもなります。太りすぎている場合には、健康を損ねないようにしながら時間をかけてダイエットしていきましょう。

最初に必要なのは、本当に太りすぎなのか確認することです。体重の数値だけで判断しないでください。ラビットショーに出すネザーランドドワーフの理想体重は906ｇですが、すべてのネザーランドドワーフの適正体重ではありません。ほかの品種でも同様で、その個体の体格を見て判断する必要があります。ダイエットしなくてはならないほどの肥満状態なのか、妊娠していたり、病気がないかなどを、動物病院で診てもらうと安心です。

具体的なダイエット方法としてはまず、過剰に与えているものがあれば適量にすることです。おやつを与えすぎているときなどはそれだけでも効果があるでしょう。次に、低カロリーの食材に変更するなど、与えているものの質を見直すことです。まずはおやつを、次いでペレットを見直していきます。

それらに加えて、適度な運動も大切です。

決してやってはいけないのは、いきなり与える量を大きく減らすということです（肝リピドーシスなど病気の原因になる）。

体重を定期的に測り、体つきを触り、便に変化がないかなどを観察しつつ、時間をかけて行ってください。

おやつの量を見直す

太りすぎる原因の多くはおやつの与えすぎです。ウサギにおやつを手から与えるのはコミュニケーションとして大切ですが、糖質や脂質の多いものなら肥満の原因となります。果物やドライフルーツを与えるなら、ほんのわずかにしてください。脂質の多いペット用クッキーのようなものは、ウサギの食べ物としてふさわしくないので、おやつのメニューからは除外しましょう。

おやつの種類を見直す

人は主食とデザートを別なものだと考えるので、ウサギにも主食（牧草、ペレット）とは別のもの（たとえば果物）をおやつとして与えたくなります。しかしウサギは、主食とおやつを区別して食べているわけではありません。太りすぎでないなら果物を少しは与えてもいいですが、ダイエットの必要があるなら糖質や脂質の多いおやつはやめましょう。その代わり、その日の分のペレットを手から与えるというのでもいいのです。ウサギはきちんと食事ができますし、コミュニケーションをとることもできます。

ペレットの量を見直す

ペレットは体重の1.5%というのが基本です。ペレットを多く与えている場合は少しずつ減らし、体重の推移を見てみましょう。量が少ないとあっという間に食べてしまうので、おやつのように一粒ずつ手から与えるのもいい方法です。

ペレットの質を見直す

ペレットは栄養バランスをとるためにも与えたほうがいいものです。量を減らしても体重が減らない場合は質を見直す方法があります。低カロリーや低タンパク、低脂肪のものにしたり、主原料がアルファルファのものからチモシーのものに変えるなどです。

ただしペレットの切り替えは慎重に行う必要があります（54ページ参照）。

イネ科の牧草を十分に与える

おやつやペレットの量が減った分、イネ科の牧草をたくさん食べてくれるようになればダイエットのためにも、歯や消化管の健康のためにも役立ちます。

また、ペレットと違って牧草はよくかじらなくてはならず、食べるのに時間がかかります。「常に草を食べている」という本来の食性を満足させてくれるので、ストレスを解消する助けにもなることでしょう。

そのほかに与えているものを見直す

ニンジンはウサギに与えることの多い野菜のひとつですが、野菜のなかでは糖質が多いため、ダイエットをしているなら控えめにしたほうがいいでしょう。

目的別・食事の与え方　タイプ別の与え方

ダイエット中は、体つきを触って観察すること

体重も定期的に測ろう

ペレットを減らし、その分牧草を食べてもらう

牧草はいつでも食べ放題にする

痩せやすいウサギの食事

通常の量の食事を食べていても運動量が非常に多ければ痩せますが、家庭でそれほどの運動量を確保することは難しいでしょう。病気のために痩せてくるなら治療が必要です。実際に多いのは、ペレットを与える量を過度に制限しているというケースです。肥満もよくありませんが、あまりにも痩せすぎているのもいいことではありません。

健康状態がよく痩せ気味なら無理に太らせることはないのですが、なにかの理由で食欲がなくなって採食量が減ってしまうと、エネルギーのもとが豊富に貯蔵されていないためにエネルギー不足になり、ますます痩せたりします。

ペレットの量を制限しすぎていると栄養不足にもなりかねません。過剰に与えれば問題がありますが、適切な量のペレットはウサギに必要なものです。体重の1.5％を目安に徐々に増やすようにしてください。そのほかに牧草も十分に与えます。

もっと太らせなくてはと考え、むやみに高カロリーなペレットを与えたり、おやつを過剰に与えるのはいいことではありません。

くつろぎ中にお皿を持っていくとそのまま食べるそう

ウサギのBCS

BCSとはボディコンディションスコアのことで、太りすぎ・痩せすぎの指標となるものです。もともとは家畜や犬・猫用に作られてきました。ウサギの体格を判断するひとつの目安として参考にしてください。

● **太りすぎ**

全身が分厚い脂肪でおおわれ、丸々とした外観です。触っても肋骨や腰骨にふれません。腰のくびれがなく、上から見るとお腹が横に張り出しています。横から見るとお腹が垂れ下がっています。首周りや腕の付け根にも皮下脂肪が豊富です。肉垂が脂肪で満ちています。

● **標準**

全身が薄い脂肪でおおわれ、バランスのいい体型です。丁寧に触ると肋骨にふれます。腰に適度なくびれがあります。大人のメスには皮膚のたるみによる肉垂があります。

● **痩せすぎ**

脂肪がなく、また、筋肉量も少なく、全身がゴツゴツと骨ばっているのが見るからにわかります。上から見ると腰が大きくくびれ、砂時計のような形状です。横から見ると腹部がぐっとへこんでいます。

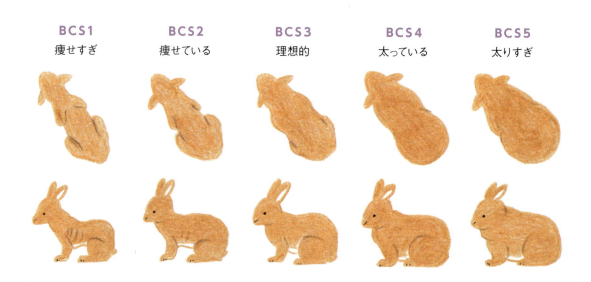

BCS1	BCS2	BCS3	BCS4	BCS5
痩せすぎ	痩せている	理想的	太っている	太りすぎ

偏食なウサギの食事

野生のウサギはさまざまな植物を食べています。決して最初から「○○しか食べない習性がある」というわけではありません。その一方では警戒心が強いので、若い頃からいろいろな食材を食べる経験をしていないと、目新しい食べ物に対して慎重になり、食べないことがあります。そのため、食べたことのあるものしか食べず、偏食になることがあるのです。

若いときから与えている食べ物が適切なペレットと牧草なら、今すぐに問題が起きることはありませんが、その製品が廃番になったり、原材料が変わることで食べなくなることも考えられます。

ウサギに与えていいものの範囲でできるだけいろいろなものを食べてくれるように試していくといいでしょう。ペレットや牧草には多くの種類があるので、サンプルが手に入る機会があればいろいろと与えてみてください。現在与えているペレットと同じメーカーのものや同じ主原料のものなど、似たものから試してみることをおすすめします。牧草は同じ種類（たとえばチモシー一番刈り）でも、産地（アメリカ、カナダ、北海道）の違いや扱っているメーカーやウサギ専門店、牧草専門店の違いによって好みが分かれることもあります。野菜や野草などはバリエーションが豊富なのでいろいろなものを試しやすいでしょう。

早朝、夕方などウサギ本来の食事時間や、運動させたり遊んだあとなどお腹が空いているときに与えてみるのもいいでしょう。また、健康なウサギに限りますが、食べてほしいものを与えて半日くらい放っておくと、しかたなく食べるようになることもあります。ただし、かたくなに食べないウサギもいます。丸一日食べないのは問題なので、無理はしないでください。

今与えているペレットに別の種類を加えていく方法は、ペレットの切り替えにあたって有効な方法ですが、過度に偏食な個体ではうまくいかないこともあります。ウサギの個性をよく見て適切な方法で行ってください。

がっついて食べるウサギの食事

ペレットを与えると勢いよく食べ始め、あっという間に食べ終わるウサギがいます。食欲旺盛なのはいいことですが、勢いがよすぎてよく噛まずに一気に飲み込み、喉に詰まらせるということがまれにあります。

ペレットを与える量を制限していて、ウサギがお腹を空かせてペレットを待ち望んでいるときに起こりやすいことです。

少量ずつ何度かに分けて与えることで防げる場合があります。また、短めの牧草とペレットを混ぜて与えると、ペレットを探すというひと手間がかかるために、がっつきを防ぐことができます。ペレットを与える前に牧草や野菜などを与え、空腹が落ち着いたところでペレットを与えるという方法もあります。

サンプルを手に入れていろいろ試そう

ペレットの前に牧草や野菜を与え、落ち着かせる

がっつくウサギには、ペレットを少量ずつ与える

3. 予防と症状別の食事の与え方

食事で守るウサギの健康

ウサギにもさまざまな病気があります。なかでも不正咬合などの歯の病気や、消化管うっ滞などは、不適切な食事を与えていることで起こることも多い病気です。逆にいうと、適切な食事を与えることによって予防できることも多いのです。日々の食事はウサギの健康のためにとても大切なものなのです。

もちろん、すべての病気が食事内容だけで防げるわけではありません。ウサギに最適と思われる食事を与えているとしても、残念ながら病気になることはあります。

なにかの症状が出たら動物病院で診察を受け、病気があれば治療を行います。治療を受けている期間は回復の助けになったり、再発を防ぐため、家庭での看護期間の食生活にも注意を払いましょう。

食べることが予防になるんだよ

不正咬合とウサギの食事

◆不正咬合からウサギを守る食事

ウサギの歯を健康に維持するには、牧草をたっぷりと与えることが大切です。牧草を噛み切るときには上下の切歯を使うため、切歯は適切な長さを保ちます。牧草をすりつぶすときには上下の臼歯をこすり合わせます。イネ科の牧草には研磨性の高い物質が含まれています。そのため、牧草を食べるために臼歯をこすり合わせる動きをすることで、臼歯の表面がまんべんなく削れます。

ペレットは栄養面では欠かせない食べ物ですが、簡単に砕けるため、臼歯をまんべんなくこすり合わせるという動きをあまり必要としません。そのため、ペレットばかりたくさん与えていると臼歯の減り方が均等でなくなり、不正咬合を起こしやすくなります。牧草をあまり食べない個体の場合は、大きな繊維が含まれているペレットを選び、できるだけ臼歯ですりつぶすという動きをさせるようにしましょう。

切歯の噛み合わせがおかしくなる原因のひとつには、ケージの金網をかじってばかりいるというものがあります。金網をかじるのをやめさせようとして金網越しにおやつを与えていると、「金網をかじればおやつがもらえる」と学習してしまうことがあるので、ケージ内でウサギにおやつを与えるときは必ず扉を開いて直接、与えるようにしたほうがいいでしょう。

なお、不正咬合の原因には遺伝による場合もあります。

COLUMN

おさえておきたいウサギの歯の基本

☐ ウサギの歯は全部で28本
☐ すべての歯が生涯に渡って伸び続ける
☐ ものを食べるときの咬耗や摩耗で歯の長さが保たれる

◆不正咬合になったときの食事

長さを整える治療をしたあと

　伸びすぎていた歯を適切な長さに整えるために削る治療をしたとき、口の中の違和感から食欲がなくなったり、いつも食べていたものを食べないということがあります。臼歯が棘のように伸びて舌や頬を傷つけていたときには、歯を治療したあとでも痛みが残っていて食欲がないこともあります。

　柔らかい牧草や柔らかい葉物野菜を与えたり、ふやかしたペレットなどの食べやすいものを与え、落ち着いたらいつもの食事を与えるといいでしょう。食欲を取り戻すのに大好物は効果的ですが、少しだけにしておきましょう。

切歯が使えない場合

　切歯が抜けたり折れたりしていると、食べ物を噛み切ることができません。切歯で噛み切らなくてもいいように牧草や野菜は短くカットしたり、食べにくい場合にはペレットは砕いてあげるといいでしょう。器用に唇と舌を使って口の奥まで運び、臼歯ですりつぶして食べることができます。

臼歯が使えない場合

　臼歯で食べ物をすりつぶせないときは、ペレットをふやかしたり、草食動物用の流動食を利用します。柔らかく団子状にしておくと自分で食べる場合もありますし、スプーンなどで食べさせることもできるでしょう。繊維の大きさが細かすぎるものばかりだと消化器の働きが悪くなるといわれるので、大きな繊維が含まれているペレットをふやかすなどしてもいいでしょう。

体重や便の状態を観察しよう

　歯を使ってものを食べているとしても、歯にトラブルを抱えていればどうしても採食量が減ってしまいます。体重の推移や便の大きさ、量なども観察し、体力を落とさせないよう注意しましょう。

　上記のような方法だけでは採食量が少なく、痩せてくるようなら、かかりつけの獣医師とも相談しながら、強制給餌も加える必要があるかもしれません。

歯にトラブルがあると採食量が減ります。便や体重、体格をチェックして

歯の状態によってペレットをふやかすなどの工夫を

ウサギの歯を丈夫に保つには牧草を食べることが大切

消化管うっ滞とウサギの食事

◆消化管うっ滞からウサギを守る食事

　胃腸の病気のなかでもよく起こるのは、消化管うっ滞です。消化管の動きが悪くなることによりガスがたまったり、便が小さくなる、食欲がなくなるなどの症状が起こります。消化管うっ滞を予防するには、イネ科の牧草をしっかりと食べることが欠かせません。

　また、デンプンやグルテンの多い食べ物は消化管に負担をかけるといわれ、これらを含まないペレットも販売されています。もともと大人のウサギにはあまり大量のペレットは与えないので、過度に心配しなくてもいいでしょう。

　そのほかには、十分な飲み水を与えることや適度な運動も消化管うっ滞の予防の助けとなります。

　なお、強いストレス（環境、痛みなど）やほかの病気（不正咬合や尿石症など）があって食欲がなくなったり、異物が詰まるなどして、消化管の動きが悪くなってうっ滞を引き起こすこともあります。

> **COLUMN**
> **おさえておきたいウサギの胃腸の基本**
> □ 草食動物なので消化管がとても長い。
> □ ウサギの胃腸は常に蠕動運動をしている。
> □ 胃は深い袋状の形をしていて噴門（胃の入り口）が発達している（嘔吐できないといわれる理由）。
> □ 小腸から大腸に入ったところで細かい繊維質は盲腸に送り込まれ、粗い繊維質は大腸を通過して硬便として排泄。
> □ 盲腸ではバクテリアの働きで繊維が分解、発酵される。
> □ 盲腸で作られた栄養豊富な盲腸便を肛門から直接食べる。

◆消化管うっ滞になったときの食事

対応は状況によって違うのでまずは診察を

　強制給餌やマッサージが効果的な場合もありますが、かえって深刻な事態を招く場合もあります。消化管うっ滞を起こしたときは（食欲不振、便が小さくなったり出なくなるなど）動物病院で診察を受けたうえで、適切な対応を指示してもらいましょう。

食べさせることで消化管の動きを促す場合

　食べさせたほうがいいという場合は、牧草をしっかり食べてもらって消化管の動きを回復させるのが一番です。牧草やペレットを食べたがらないときは、大好物を与えてみましょう。野菜や野草など本来の食性により近いもののほうがいいでしょう。オオバやセロリ、パクチーなどの香りが強い野菜はウサギの嗅覚を刺激してくれるかもしれません。葉をちぎって与えるとより効果的です。水分の摂取も大切です。野菜が好物なら水分の多い葉物野菜を与えるのもよいでしょう。果物や穀類が大好物の場合は、与えるならごく少量にしておきます。（寒い時期なら暖かな環境にしたり、元気があるなら少し運動させたり、腹部を軽くマッサージすることが食欲回復を助ける場合もあります）

　それでも食べないときは強制給餌を検討します（134ページ参照）。

便の状態とウサギの食事

　ウサギの便は健康のバロメーターです。毎日の便の状態を観察するのは、健康チェックの基本です。

　丸くコロコロしているのが健康な便で、大きさは個体によっても異なりますが、直径0.7〜0.8cmくらいから1cmくらいまでが一般的です。個体ごとに大きさはほぼ一緒です。チモシーなどのイネ科牧草をたくさん食べているウサギの便は大きめで、色は茶褐色です。

　健康なときはどんな便をしているかを知っておき、いつもと違う便が出ているときは注意深く観察し、必要であれば動物病院で診察を受けましょう。

ウサギの成長期に牧草を食べ慣れておくことが一生の健康につながる

通常の便

◆注意が必要な便の状態と食事

大きさが小さくなった、量が少なくなった

なにかの原因で採食量が減っていることが考えられます。特に牧草を食べている量が少ないと、便の大きさが小さくなったり量が少なくなったりします。牧草を十分に食べさせましょう。食べない理由（歯が悪い、体に痛みがあるなど）がある可能性もあります。牧草の保存状態が悪くておいしくない、牧草が食べにくい位置にあるといったことも、採食量が減る理由になるでしょう。

異物を飲み込むなどして消化管が閉塞（へいそく）していると、便の量が少なくなっていき、最終的には出なくなることがあります。食生活の改善で治るものではなく、深刻な状況です。動物病院で診察を受けましょう。

大きさがまちまち、形がいびつ

ウサギの便は、腸の蠕動運動によって丸く水分の少ない均一な形状になって排泄されます。大きさが大小まちまちだったり、楕円形やしずく型など形がいびつなのは、蠕動運動に問題がある可能性があります。採食量が減っていることも理由になります。前項同様に、牧草を十分に食べさせましょう。

被毛でつながった便

便が被毛によって数珠状につながっていることがあります。毛づくろいする際に飲み込んだ被毛が消化管内にあること自体は正常なことで、通常は丸い便のなかに混じって排泄されます（便をほぐすと粗い繊維質とともに被毛が混じっています）。牧草をしっかりと与えるとともに、定期的にブラッシングを行って飲み込む被毛の量を減らすことも大切です。

柔らかい便が出る（軟便）

健康なウサギの便は水分が少なくて硬めで、ウサギが便を踏んで歩くぐらいのことではつぶれたりしません。ところが水分が多い便は形が丸くても、押せばすぐつぶれるため、ウサギの足の裏や肛門周囲にくっついてしまったりします。本来、水分は大腸で吸収されるものですが、消化管の働きに問題があると水分の多い軟便となります。食事にデンプンやグルテンが多すぎることも考えられます。消化管の働きをよくする粗い繊維質を含む牧草をたくさん食べさせてください。グルテンフリーのペレットを与えるとよい場合もあります。

食べたことのないものを急にたくさん与えたり、食べ慣れない水分の多い野菜を大量に与えたりすることが軟便の原因になることもあります。

なお軟便と盲腸便は異なるものです。

形をなさない便が出る（下痢便）

形をなさない下痢便が出るのは異常事態であり、緊急事態です。特に幼いウサギの下痢は命に関わります。早急に動物病院に連れていってください。

下痢は病原菌によって起こることが多いでしょう。病原菌の増殖しやすい腸内環境になってしまう原因には繊維不足、過剰なデンプンやグルテンなどが考えられます。強いストレスなども原因になります。食生活での予防策は、ウサギに適切な食事を与えることにほかなりません。

盲腸便を食べ残す

水分の多い小さな粒がブドウの房状にまとまっているのが盲腸便です。独特のにおいがします。ウサギの硬便（コロコロした通常の便）はにおいがほとんどないので、くさいと感じるときは軟便や下痢、あるいは盲腸便を食べ残しているときでしょう。軟便や下痢と盲腸便のにおいは異なります。

ウサギは盲腸便を肛門から直接食べてしまうので、通常は見かけることはありません。まれに食べずにケージの床に落ちていることがあります。とても柔らかいものなので、見つけたらウサギが踏む前に回収しましょう（出たばかりのものなら与えると食べることもあります）。

しばしば盲腸便を発見する場合、原因として考えられるのは不適切な食生活、高齢や体に痛みがあったり、過度な肥満のために盲腸便を食べる動作（体を前かがみにして口を肛門につける）ができないことなどがあります。食生活では、繊維質が少ない、デンプンやタンパク質が多いなど栄養価が高すぎるものを与えていることが原因となります。

盲腸便はウサギが必要とする栄養を含んだ「食べ物」です。盲腸便を食べ残さない食生活を心がけましょう。

盲腸便の食べ残しに注意して

COLUMN
ドワーフホトの消化管うっ滞

ドワーフホトで起こりやすい消化管うっ滞があります。原因はわかっていませんが、蠕動運動に問題があるのではないかと考えられます。適切な食生活を送っていても、便の大きさが小さかったり大きかったりします。小さければ排泄されますし、大きな便でも柔らかければ排泄されますが、ドワーフホトでは硬くて大きな便が作られるために腸に詰まってしまうことがあるのです。ドワーフホトが消化管うっ滞を起こしたときは、便による閉塞の可能性も考えてください。

食べないときの食事

ウサギが食事をしないというときにはいくつかの理由が考えられます。

◆食べたいのに食べられない

不正咬合など口の中に痛みがあり、食べたいのに食べられない場合は、柔らかいものを与えるなどの工夫をします（128ページ参照）。介護が必要なときは体の状況に応じて食べられる工夫をします（122ページ参照）。準備さえしてあげれば自力で食べる場合も、採食量が足りないようなら強制給餌（134ページ）を行いましょう。

COLUMN 【ウサギの食事アンケート】
ウサギの食欲があまりないときでもこれだけは食べてくれる！

これだけは食べるという大好物があると、ウサギの体調悪化を防ぐことがあります。
飼い主の皆さんにアンケートでお聞きした食の秘密兵器をご紹介します！　参考にしてみてください!!

第1位　バナナ

夏にクーラーが壊れてしまい3、4日クーラー以外の暑さ対策でがんばってもらいましたが、ペレットや牧草を食べる量が半分ほどに…。野菜は食べたので、大好きなバナナも2～3cmほどあげて乗り切りました。（上坂ちぐささん＆Luna）

バナナは、おいしさに興奮して食べ、あまりのいきおいに口から出してしまって以来、厚さ5mmほどの2枚くらいを、スプーンで少しずつあげています。（リズ母さん＆リズ）

避妊手術後にペレットをあまり食べなかったので、ほかのものも食べるきっかけになれば、という気持ちと手術がんばったね！という気持ちであげました。糖分が多いので普段あげるのは少量です。（かりんママさん＆かりん）

第2位　葉物野菜

食べないときやうっ滞のとき、ハクサイやキャベツ、ダイコン菜を与えたら元気になりました。（ジュンさん＆コデマリ）

工事があったり、来客などがあると食が細くなることがあり、香りがよいオオバやチャービルを、または柔らかくて食べやすそうなサニーレタスをあげています。（ここママさん＆ここあ）

アンケート結果から
ウサギの体調不良の指標にも！

野生下では遭遇しない食べ物なのに、バナナはウサギに大人気ですね。こうした「とっておき中のとっておき」はぜひ見つけておきたいものです。それすら食べようとしないなら病院へ！という指標にもできるでしょう。

◆ 食べたくない

①病的な原因がない場合

ごく一時的に食欲を落とすことがあります。ちょっとした環境の変化があったときや、低気圧が影響する個体もいます。食べない時間が長くなると消化管うっ滞に進行する心配もあるので、食欲増進させる工夫をしましょう。大好物を少し与えてみるのはいい方法です。普段から野菜を与えているなら香りの強い野菜を与える、ペレットをふやかしてみる、生牧草を与える、などの方法があります。こういう場合に「これなら絶対に食べる」というものがあると役立ちます。

運動させることで食欲が回復することもあります。また、食事時間である早朝や夕方、夜間に与えるのもいいでしょう。飲み水を十分に与えているかも確認しましょう。

また、発情しているときや換毛期に食欲がなくなる場合があるようです。

「わがままで食べないだけ」と思い込んでいても実は病気がひそんでいたということもありますから、動物病院で診察してもらっておくと安心でしょう。

②病的な原因がある場合

前述の不正咬合や消化管うっ滞、そのほかの病気、体に痛みがあったり強いストレスがあるときなどが考えられます。手術やなにかの処置（麻酔下での処置など）を受けたときも食欲が減退することが多いでしょう。「不正咬合になったときの食事」（128ページ）や「消化管うっ滞とウサギの食事」（130ページ）を参考に、食べられる工夫をしてください。

第3位　アルファルファリーフ、オオバ、乳酸菌

アルファルファリーフ

牧草ではなく葉だけになっているものです。うっ滞などから回復しはじめのときに、少しずつ時間をあけてあげています。食べ物を見せると、食べようかな？　と顔を出すけど食べない、食べないけれどものによっては食べそうなときです。口をつけはじめると、半日くらいでペレットなども食べるようになっていくので、ペレットを食べ出したらやめています。器に入れていつでもどうぞではなく、確認のために手からあげます。（ももさん＆くまじろう）

オオバ

食欲がないとき、オオバをあげます。香りが強いものが好きらしく、これだけはムシャムシャ食べます。（ハナちゃんさん＆エマ）

乳酸菌

大好物の乳酸菌は、ケージ掃除のときに手からあげるのを日課にしています。入院して手術をしたあと、丸一日食べず、ＩＣＵの隅っこで震えていたカロリが、持参した乳酸菌を手から食べてくれたとき、スタッフのみなさんと喜び合いました。（佐久間一嘉さん＆カロリ）

第4位　リンゴ、乾燥リンゴ、クズの葉、生牧草、ニンジン、パパイヤ

第5位以下のこれだけは食べる！

◎アクティブE、◎アニマストラス、◎イチゴ、◎生の果物、◎セリ、◎セロリ、◎イタリアンパセリ、◎イタリアンライグラス、◎青パパイヤの葉、◎オオバコ、◎乾燥タンポポの葉、◎野草、◎グルメゼリー、◎押しエンバク、◎恵、◎牧草団子

※食欲がないときがない、という力強いお答えもありました。

◆強制給餌の方法

ウサギにとって、なにも食べていない状態が続くことには大きなリスクがあります。消化管の動きがますます停滞したり、肝臓の病気（肝リピドーシス※）を起こす場合もあります。消化管が閉塞しているときなど、むやみに食べさせないほうがいいこともありますが、獣医師と相談しながら、必要に応じて強制給餌を行ってください。作った流動食を口元にもっていくと自分から食べてくれるなら自力で食べてもらうほうがいいですが、食べない場合はシリンジなどを使った強制給餌を行います。

1日に2、3回くらいを目安にします。本来の食事時間である早朝と夕方に行うといいといわれますが、いつも決まった時間に食事を与えているならその時間がいいでしょう。量は健康なときの半分〜3分の1を目安にします。

用意するのはシリンジと流動食です。シリンジは動物病院で購入するか市販品（ジェントルフィーダー、注入器、フードポンプなど）を入手します。

流動食は草食動物の強制給餌用流動食が動物病院でも販売されていますし、市販品もあります。ペレットをドロドロにふやかしたものでもいいでしょう。嗜好性を上げるためにすりおろした野菜を加えることもできます。牧草やペレットの袋の底にたまっている粉末や、ミルミキサーで粉末状にしたウサギ用の乾燥野草などを混ぜることもできるでしょう。

ほかに、口元や顎の下が汚れたときに拭くためのティッシュやウェットティッシュなども用意しておきましょう。

口の横（切歯と臼歯の間の隙間）からシリンジの先を口の中まで入れ、少しだけ流動食を口の中に入れます。ウサギがもぐもぐと咀嚼して飲み込んだら、また入れます。

このときのウサギの抱き方は慣れた方法がいいでしょう。どうしても暴れてしまうようならバスタオルで体を巻いて顔だけ出すようにする方法もあります。動物病院で指導してもらうと安心です。

ケージの中にはいつもと同じ食事を用意し、いつでも自力採食に戻れる準備はしておきましょう。

※肝リピドーシスは脂肪肝ともいいます。肝臓に中性脂肪が過度に蓄積し、肝機能が衰える病気です。脂質の摂りすぎによるもののほか、食欲不振が続いてエネルギー不足になったときに、脂質をエネルギーに変えるため、体内の脂質が肝臓に過度に集まることが原因で起こります。

おだんご食や流動食に使用する粉末食

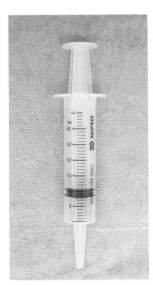

強制給餌に適当な30mlのシリンジ

栄養の偏りとウサギの食事

◆栄養の偏りによる病気からウサギを守る

通常、牧草とペレット、適量の野菜といった食事を与えていれば栄養が大きく偏ることはありません。タンパク質や糖質、脂質などが多ければ肥満になりやすい（124ページ）などの問題はあります。現実的に、ひとつの栄養素の偏りが原因で起こりやすいものとして注意が必要なのは、カルシウムの過剰摂取によって心配される尿石症でしょう。

◆尿石症とウサギの食事

尿石症は、尿中のミネラル分が固まって尿路（膀胱や尿道など）に石のような塊（結石）ができる病気です。尿泥と呼ばれる砂状のミネラル分が膀胱にたまることもあります。

結石ができる原因はよくわかっていません。

ウサギのカルシウム代謝は特殊で、ほかの哺乳類では通常、過剰に摂取したカルシウムは便と一緒に排泄されるのですが、ウサギは尿中にカルシウムを排出します。そのためウサギの尿はカルシウム濃度が濃く、ややドロっとしていて白濁しています。

だからといって特にウサギが尿石症になりやすいということはありません。同じような飼い方をしていても発症するウサギも発症しないウサギもいます。

ウサギに必要なカルシウムはペレットにも牧草にも含まれていますから、平均的なウサギの食事を与えているなら、カルシウムに関して心配することはないでしょう。通常は、野菜類にはカルシウムの多いもの（パセリやダイコンの葉など）もあるので、それらばかりを大量に与えることはないようにしたり、十分な水分を与えることで尿量を増やすことなどに注意すればいいでしょう。

ただし、摂取するカルシウムが過剰で、いつもカルシウム分がとても多い白濁した尿をしているようだと尿石症のリスクは高くなるので、カルシウムの少ないペレットに変えたり、カルシウムの多い野菜類を与えないなどカルシウム制限したほうがいいでしょう。レントゲン検査をすると膀胱が白く写る（カルシウムは骨にも含まれる成分なので、骨と同じようにX線を通しにくいため）ようなときは獣医師からもカルシウム制限の指示があることと思います。

なお、カルシウムは成長期には欠かせない栄養素です。ウサギは常に歯が作られ続けるしくみをもつ動物ですから、カルシウムの欠乏もあってはならないことです。

COLUMN

ビタミン・ミネラルのサプリメントに注意

ウサギに必要な栄養は、牧草のほかにペレットを与えていれば十分に摂ることができます。ビタミン剤やミネラル剤のサプリメントを与えると過剰摂取のリスクがあります。

たとえばビタミンAは視覚や骨の発達、皮膚粘膜を健全に保つなど大切な働きがありますが、過剰摂取すると成長期には骨が弱くなったり、大人のメスは妊娠しにくくなったり流産しやすくなることが知られています。

ウサギに与えることの多い緑黄色野菜には、ビタミンAになる前の物質であるβカロテンが多いですが、βカロテンは体内で必要な量だけがビタミンAになるので、βカロテンを含む食べ物を与えてもビタミンAの過剰摂取にはなりにくいといわれます。

ビタミンDも過剰摂取することによる影響が知られています。骨吸収が起こる（古い骨が壊されること）、肝臓や腎臓などの石灰化（カルシウム分が沈着する）などが起こります。特にカルシウムを過剰に摂取していると起こりやすいといわれます。

獣医師の指示があるときを除き、自己判断でのビタミン剤やミネラル剤のサプリメント投与は控えたほうがいいでしょう。

食事で健康な体を作ろう！

4. こんなとき、あんなとき

留守番させるときのウサギの食事

　仕事や遊びなどで飼い主が出かけている間の留守番（たとえば朝からその日の夜までなど）は、ウサギが健康なら特に問題はありません。朝、食事と水を与えてから出かけ、帰宅したら食べ残しがないかなどを確認してから、夜の食事を与えればいいでしょう。

　留守番させるのが1泊なら、牧草をたっぷりと、ペレットをやや多めに与えておきます。いつも野菜を与えている場合は、食べ残して時間がたったものを食べることのないよう、すぐに食べきる程度の量を与えておくといいでしょう。飲み水は十分な量を用意しておきます。その季節に合った適切な温度管理も行ってください。

　2泊以上の場合は誰かに世話をしに来てもらったり、どこかに預けたりするのが安心です。世話をしに来てもらう場合は（知人、ペットシッターなど）、いつも与えている牧草やペレットを切らさないよう、余裕をもって購入しておきましょう。飼い主ではない人の存在をウサギは不安に思うかもしれません。大好物のおやつも用意しておいて、ウサギに与えてもらうのもいいでしょう。

　ペットホテルに預ける場合は、そのホテルの規則に従いましょう。ペレットや好物は持参し、牧草はそのホテルで与えているもの以外を与えたいなら持参、という方法が多いようです。

　ウサギだけで留守番させたときも、どこかに預けたときも、日常生活に戻ったあとはしばらくの間、食欲や便の様子などをいつも以上に観察しましょう。

連れて出かけるときのウサギの食事

　ウサギを外に連れて行くときはキャリーに入れていきます。日頃からキャリーの中でおやつを与えるなどして、キャリーによいイメージをつけさせておくといいでしょう。

　出かける際には、キャリーには牧草を入れておくのが基本です。

　キャリーの中にいる時間が長くなるなら水分補給もするといいでしょう。給水ボトルをセットできるキャリーもありますが、移動時に水が漏れたりこぼれたりすると心配です。いつも野菜を食べているウサギなら葉物野菜を水分補給代わりに入れておくようにしましょう。確実に安全な場所（ウサギが脱走しない場所、移動中の自家用車の中など）なら、時々キャリーを開けて給水ボトルで水を飲ませてもいいですが、安全な場所以外でむやみにキャリーを開くことはおすすめしません。部分的に金網になっているキャリーなら、外からでも給水ボトルで水を飲ませることができるでしょう。

　大好物も持参し、必要に応じて与えます。大好きなものなのに食べないとしたら、移動で疲れていることも考えられます。

　そのほかにも、温度管理などに注意してください。

　動物病院に行く際、健康診断などウサギが元気なときは同じようにして連れていけばいいでしょう。ウサギの体調が悪いときは安静にして連れていくことが必須です。牧草や大好物などの食べ物、水は別にして持参し、キャリーにはウサギのにおいのついたもの（使っ

毎日帰宅したら、
ウサギの食器の様子を
確認しよう

キャリーの中が
嫌なところで
なくなるように

ている寝床やわら座布団など）があるならそれを入れて安心させてください。

視力が衰えているウサギの食事

高齢になると白内障になるウサギは多く、視力が徐々に衰え、最後には視力を失うこともよくあります。ウサギは嗅覚や聴覚にも頼って暮らしているので、視力を失っても人が想像するよりはうまく暮らしていくことができます。食器類や給水ボトルの位置も覚えているので、位置を変えさえしなければ通常は問題ありません。食べにくそう、飲みにくそうなどの理由で位置を変えなくてはならないときは、まだ視力があるうちに徐々に変えていきましょう。牧草やペレット、野菜類などは食器に入れず、床に置いてもいいでしょう。給水ボトルの位置がわからず水が飲めないようなら、ボトルの飲み口を口元にもっていって飲ませる時間を一日のうちに何度か作ってあげるといいでしょう。

野菜しか食べないウサギの食事

偏食で牧草やペレットを食べてくれないウサギもいます。まずは食べてくれるように手を尽くしてください（127ページ「偏食なウサギの食事」参照）。また、飼い主のポリシーとして野菜で飼うことを決めている場合もあります。この本を読んでいただき、牧草やペレットの重要性も理解していただいたうえで「やはり野菜で」と思う場合は、以下の点に注意していただきたいと思います。

野菜にはビタミンやミネラルのほか抗酸化成分なども含まれ、とてもよい食材であることには間違いありません。味や舌触り、嚙みごたえのバリエーションが多いことはウサギにとっても嬉しいことかもしれません。自分の目で見て選べるという安心感もあるでしょう。ある意味では、ペレットや牧草よりはウサギが本来食べている植物に近いともいえます。

ただし野菜だけでウサギの体格や健康を維持するのはかなり大変です。野菜は人のために品種改良されている栽培植物で、繊維も柔らかく、牧草ほどの研磨性はありません。

また、野菜は低カロリーなので、栄養面でウサギを満足させようとすると大量に与える必要があります。単純に数値だけを見てみると、あるウサギの一日に必要なカロリーが129kcalだとした場合、カロリーが100g中235kcalのペレットだと一日に約55gとなります。よく与えられている野菜のコマツナは100g中14kcalなので、129kcalを満たすには920g、コマツナは一把200～300gほどなので、3～5把くらい与えないと必要なカロリーを摂らせることができ

ないわけです。もちろんコマツナだけを大量に与えるような方法は不適当ですが、「野菜だけで適切なカロリーを摂取させようとすると大量の野菜が必要」ということを理解していただければと思います。

また、上記の例に挙げたコマツナはカルシウムの多い野菜です。栄養バランスをとるためにはさまざまな種類の野菜を大量に用意しなくてはなりません。野菜は気象の影響も大きく受けるので、ときには高値になることもあります。野菜は水分が多いため、尿の量も増えます（野菜を食べ慣れていないウサギでは軟便になることもある）。

野菜だけで飼育するという場合には、体重や体格を確認し、しっかりとした体型が維持できているかをよく観察する、排泄物をチェックする、定期的に動物病院で健康診断を受けるなどの点も心がけていただきたいと思います。

野菜によって栄養の内容はちがうので、事前に知ってバランスよく与えて

お野菜が大好きなんだ

水をあまり飲まないウサギの食事

ウサギには十分な飲み水を与える必要があります。水分不足は消化管の働きが悪くなる、腎臓への負担、脱水症状など健康面での大きな影響がありますし、飲み水が足りないことで食欲不振にもなります。

水をあまり飲まないという場合、まずは給水ボトルをうまく使えているか、飲みやすい位置にボトルがあるか、きちんと水が出ているかなどを確認します。体に痛みがあるためにボトルから水を飲む動作がしにくいこともあります。

場合によってはお皿で水を用意するなどしてみましょう。お皿で与える場合には排泄物や抜け毛、食べかすなどで汚れないようこまめに交換してください。

高齢や病気などで介護状態のウサギには一日数回、給水ボトルを口元にもっていったりシリンジを使って水を飲ませてください。

野菜をたくさん与えていると、あまり水を飲まないこともあります。その場合は水分不足になる心配は深刻なものではないですが、いつでもきれいな水が飲めるようにはしておいてください。

市販のイオン飲料（ウサギ用）は緊急時には便利です。甘みもあるのでよく飲んでくれることが多いですが、どうしても飲んでほしいときだけにし、日常的には普通の水を飲ませてください。

適切な与え方でたくさん水が飲めるようにしよう

保護ウサギの食事

遺棄されるなどしたウサギを保護し、飼育をする場合があります。ほとんどの場合、それまでどのような食習慣があったのかが不明です。まず最初に動物病院に連れていって健康状態をチェックしてもらいましょう。歯の状態を見てもらうことで適切な食生活を送っていたかどうかある程度推測することができるでしょう。年齢が不明な場合も多いものです。何歳くらいなのか（若いのか、壮年なのか、高齢なのか）、健康診断によって獣医師に目星をつけてもらいましょう。

牧草やペレットを何種類か与えてみて、食べるものを見つけましょう。すぐに食べなくても、においをかぐなど興味がありそうなものがあれば、それを与えるようにしてみます。保護されるまで食べ物の少ない環境にいた場合もあり、どんなものでも食べてくれる個体もいます。

保護施設などから譲り受けるなら、そこで与えていたものと同じものを与えてください。食事内容を変えたいなら、落ち着いてからにしましょう。

避妊去勢手術をしたあとの食事

ウサギに避妊去勢手術を受けさせる飼い主は多くなっています。望まぬ妊娠を避けるためのほか、主にメスでは子宮疾患の予防、オスでは尿スプレーなどの問題行動の予防が目的です。

手術後は、入院や手術といういつもと違う経験によって食欲不振になることもよくあります。好物を与えたり、必要があれば給餌の補助を行うなどして食欲の回復を助けましょう。

また、「避妊去勢手術をすると太りやすくなる」といわれます。ホルモンバランスが変化することで代謝が変わったり、エネルギー要求量が減るにも関わらず以前と同じ食べ物を与えていることなどが理由として知られています。

避妊去勢手術を行ったすべてのウサギが太るわけではありません。体重の変化を見ながら、太ってくるようなら食事内容の見直しを検討するといいでしょう。もともとペレットを多く与えているなら量を減らす、少量与えているなら低カロリーのものに切り替えるなどです（切り替えは注意深く行いましょう）。また、室内で遊ばせる時間を増やすなどして運動量を増やすのもいいことです。

なお食事内容を見直すなら手術後、食欲が回復して落ち着いてきたら徐々に行ってください。

また、避妊去勢手術を行う時期として推奨されているのは成長期の最後くらいの時期です。成長期が続いているうちは食事制限を行わないでください。

換毛期のウサギの食事

ウサギには年に2回の換毛期があります。春には冬毛が抜け、秋には夏毛から冬毛へと生え変わります。この時期にはかなり大量の抜け毛が出るので、短毛種のウサギであってもこまめなブラッシングが必須となります。また、これ以外の時期でも被毛は生え変わっています。

ウサギは日頃からよく毛づくろいを行っています。その際に舐め取った抜け毛を飲み込んでしまいますが、ウサギの消化管に抜け毛が存在すること自体に問題はありません。消化管の働きが正常なら、どんどん流れて排泄されていきます。ところがなにかのきっかけで消化管の働きが悪くなると（消化管うっ滞）、被毛が消化管内にたまってしまいます。以前はたまった被毛が原因で消化管の動きが悪くなるとして「毛球症」という病名がよく知られていました。

換毛期には消化管に入る抜け毛の量がどうしても増えてしまいます。排出を促すためには十分な量の牧草が欠かせません。消化管内に入った内容物がスムーズに流れていくためには、水分も大切です。

また、換毛期には体力を消耗するともいわれます。被毛のもととなるのはタンパク質です。タンパク質を供給するのは盲腸便で、よい盲腸便が作られるには牧草を十分に食べることが必要です。痩せてくるようなら高タンパクなペレットやアルファルファを添加するのもいいでしょう。

薬の飲ませ方

ウサギが病気になったとき、投薬が必要なことがあります。投薬にあたっては、処方された通りの回数、量をきちんと与えることと、できるだけウサギにストレスを与えない方法で行うことが大切です。

甘い味付けをしてあるシロップ剤ならそのまま飲んでくれることが多いでしょう。

粉薬はそのまま少量の水で溶いてシリンジなどで飲んでくれればいいのですが、苦味などによって拒絶するほうが多いかと思います。ウサギが好きなものと一緒に与えるといいでしょう。できるだけ本来ウサギが食べているものに近いほうが望ましいので、少量の草食動物用流動食や無添加野菜ジュースに混ぜる、クセの強い野菜、たとえばオオバなどで包むようにして食べさせるといった方法を試してみてください。次善の策としては、無添加のヨーグルト、つぶしたバナナ、すりおろしたリンゴ、フルーツスプレッド（糖度の低いジャムのようなもの。砂糖無添加のものもある）、無添加の野菜や果物のベビーフードなども使えます。これらを使うときはごく少量だけ使ってください。自発的に舐めてくれないときはシリンジで与えることも必要になるでしょう。

どうしても薬を飲ませられないときは獣医師に相談してください。

なお、薬と一緒に飲んだり食べたりしてはいけない食べ物が知られています（抗血栓薬と納豆、カルシウム拮抗薬とグレープフルーツジュースが有名）。こうした「飲み合わせ」はウサギの場合でもあてはまることがあるので、心配なら獣医師に確認してみましょう。

無添加のヨーグルトなどに薬を混ぜる

クセの強い野菜に薬を包む

粉薬が入っている袋の中で水に溶いてシリンジで吸い上げる

COLUMN

愛と「ひと手間」ウサギ専門店に聞くケアごはん

ウサギはさまざまな原因でいつもの食事を食べなくなり、飼い主を不安にさせることがあります。どうしても食べさせなくてはならないときには強制給餌に踏み切ることもありますが、そこに至る前には「ひと手間かければ食べてくれる」という段階もあります。

ウサギの心と飼い主の心に寄り添ったケアごはんを、うさぎ用品とケア専門店「ココロのおうち」の森本恵美さんに教えてもらいました。

【注】消化管が閉塞しているような場合に無理に食べさせるのは大変危険です。ウサギが食事をしないときは、まずは動物病院で診察を受けることをおすすめします。

■ふやかし食

【こんなときに】
ペレットを噛みにくそうにしているときに

【どんなもの】
ペレットをふやかす

用意するもの
- ペレット
- 水
- 小さめのボウル
- 計量用の大さじ、小さじ

作り方

1 ボウルに大さじ1杯のペレットを入れます。ふやかしたときに形状が保てるので、ソフトタイプのほうがおすすめです。

2 小さじ1杯の水を回しかけるようにしてペレットになじませます。このとき水にすりおろしリンゴやウサギが好きなサプリメントを加えてもOK。

3 ふやけたら完成です。左がふやかす前のペレット、右がふやかしたあとのペレットです。

ケアごはんのパターン

ペレットが食べにくそうになったら、ふやかし食を与えます。ふやかし食が食べられなくなってきたらおだんご食や介護食に切り替えていくのが基本です。

本当は空腹なのに食べにくいために採食量が減ってしまうことが多いので、ふやかし食からおだんご食、おだんご食から介護食に変更するタイミングを見きわめることが大切になります。食べ方、食べている量などをよく観察してください。

たとえば、食べる意欲はあってもふやかしたペレットに自分から口をもっていって食べるのが難しくなってきたウサギには、介助食が向いています。いきなり介護食にしてもいいのですが、自分から進んで食べてくれるなら、介助食のほうがウサギにも飼い主にも負担が少ないでしょう。

介護食は、麻痺があるなど自分から食べることが難しくなったり、食べる意欲がないウサギに適しています。

ふやかし食も食べられるけれど介護食のほうが食べる量が増えるというウサギには、ふやかし食と介護食を交互に与える方法もあります。これだと、自力で食べるという行動を生かしつつ、水分量の多い介護食を与えることで水分もしっかり摂取させられるという利点があります。

【ポイント1】
　ペレットの量は、それまでに与えていた量に応じて調整してください。水の量も加減します（ペレット大さじ1杯に対して水小さじ1杯が目安）。

<与え方>
・基本的には食器に入れて与えます。
・余裕があるときは手から与えるのもいいでしょう。ペレットを手のひらの中央に集めて、口元の食べやすい位置に持っていってあげることができます。また、神経症状があって頭を持ち上げられないウサギの場合には、食器よりも手のひらで与えるほうが向いているでしょう。

■ おだんご食

【こんなときに】
ふやかし食が食べづらそうになったら

【どんなもの】
つぶしたペレットをおだんご状にする

用意するもの
ふやかし食
はさみ
小さいビニール袋（100円ショップで売られているチャック付きの小さいポリ袋など。やや厚手だと扱いやすい）
計量用の小さじ

作り方

1　ふやかし食を作ります。

2　さらに小さじ1杯の水を加えます。

3　小さじの背を使ってふやかし食を押しつぶします。全体にまんべんなくつぶれるようにしてください。

4　ビニール袋の底の角を一ヶ所、はさみで3～5mmほどカットします。ビニール袋に押しつぶしたペレットを入れます。

5　ペレットが5～8mmのおだんごになるように絞り出しましょう。ウサギの口の大きさに合わせてください。

【ポイント1】
　ペレットはソフトタイプでなくても問題ありません。ハードタイプや繊維が大きくて水分を加えるとバラバラに崩れやすいタイプのペレットは、ふやかし食には難しいですが、おだんご食や介護食には使うことができます。

【ポイント2】
　時間がたつと水分が蒸発して固くなってしまいます。基本的には一度に食べ切れる量を作るようにし、食べさせる回数を増やします。

<与え方>
・ふやかし食と同様に食器に入れて与えるのが基本ですが、手から与えてもOKです。

リンゴに限らずお好みで
このケアごはんではリンゴを使用していますが、必ずリンゴでないといけないわけではありません。ウサギの好みに合わせてアレンジしてあげましょう。

目的別・食事の与え方
愛と「ひと手間」ウサギ専門店に聞くケアごはん

141

■ 介助食

【こんなときに】
意欲があっても、
自力で食べるのが難しくなってきたら

【どんなもの】
つぶしたペレットをベースにした
介助食をスプーンで

用意するもの
おだんご食（おだんご状にする前）
牧草（アルファルファの葉、大麦若葉、チモシーなど）
ミルミキサー
ピルクラッシャー（必要に応じて）
サプリメント（必要に応じて）
リンゴ（みじん切り）
スプーン（ウサギに食べさせる用）

作り方

1 牧草をミルミキサーで砕いて粉末にします（1週間分くらい作っておくと楽）。アルファルファは痩せ気味のウサギにおすすめです。牧草をあまり食べないウサギにはチモシーなどのイネ科牧草を。

2 「おだんご食」の3（ふやかしたペレットをまんべんなくつぶしたもの）にサプリメントを加えます。錠剤のサプリメントはピルクラッシャーで粉末にしてから。

3 粉末牧草を加えて混ぜます。必要に応じて水分を加えて硬さを調節しましょう。

4 リンゴを皮ごと5mmくらいのみじん切りにします。

5 みじん切りにしたリンゴを3に混ぜ合わせます。

【ポイント1】
　みじん切りにするリンゴの量はお好みですが、ペレット大さじ1杯に対して小さじ1杯くらいだと、与えるときにまんべんなくリンゴが見え、ウサギがリンゴを見つけやすいでしょう。

【ポイント2】
　サプリメントは絶対に与えなくてはならないものではありませんが、介助や介護が必要なウサギのサポートになる場合もあります。必要に応じて与えるといいでしょう。
　「ココロのおうち」の森本さんがケアごはんに加えているサプリメントは、シリー・ケイ、アニマストラス、ビオネルジープラス・ラビット、サンタプロン ONE Koso（ワン酵素）などです。

＜与え方＞
・介助食をスプーンの先に尖った山型になるように盛ると食べやすいです。山の頂上部分にリンゴが見えている（香りがする）と食べたい意欲も UP します。一回パクっと食べた後に、またある程度形を整えてあげると食べやすくなります。
・スプーンはウサギが食べやすい大きさや形のものを選びます。写真の木製スプーンもおすすめです。

【ポイント1】
　一日に与える量はケアごはんになる前に与えていた量と同じが基本ですが、運動量が低下していたり、ケアごはんのほかに牧草を食べているなら少なめにしても。様子を見ながら調整してください。

【ポイント2】
　一日の回数は、それまでの食生活で一気食いタイプだった場合には一回あたりを多めで回数を少なく、ゆっくり食べるタイプだった場合には一回あたりを少なめで回数を多く、が基本です。水を自分で飲めないようなら、水分補給も兼ねて回数を多くするといいでしょう。

■ 介護食

【こんなときに】
食べる意欲が減り、
自力で食べるのが難しくなってきたら

【どんなもの】
つぶしたペレットをベースにした介護食を
シリンジで

用意するもの
介助食（みじん切りリンゴを混ぜる前）
リンゴ（すりおろす）
保温用（湯煎用）の容器とお湯
シリンジ（1cc）数本
はさみ・やすり

作り方

1
「介助食」の3まで同じ手順で用意します。すりおろしたリンゴ、小さじ2～3杯の水を加えて柔らかくします。

2
寒い時期は介護食が冷たくならないように湯煎します。二重構造の容器が便利です。温度は人肌程度で。

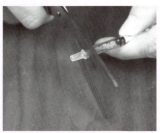

3
シリンジは1ccのものが扱いやすいです。先端の細い部分をハサミでカットし、切り口がウサギの口を傷つけないハサミややすりでなめらかに整えておきます。

4
シリンジに介護食を入れます。吸い上げるのではなく先端からトントンと叩き込んでいくようにします。食べてくれる量の介護食入りシリンジを先に用意しておくとよいでしょう。

【与え方】
シリンジの先端をウサギの口の中に入れます。最初は少し入れ、飲み込んだら次を入れるようにし、そのウサギに合った速度で行います。

【ポイント1】
すりおろしたリンゴは小さじ1杯くらいが目安です。みじん切りでもいいのですが、粒があまり大きいとシリンジから出しにくくなります。

【ポイント2】
シリンジ先端をカットせずにそのまま使うと、介護食の水分だけを吸い上げたり、与えるときも水分が先に出てしまいます。

＜与え方の注意＞
・ウサギを仰向けにして与えるのは避けてください。誤嚥する可能性が高くなります。
・シリンジの先端をカットしているため、最後まで押し出すとゴムの部分まで出てしまいます。注意して行ってください。

【ポイント1】
一日に与える量と回数は介助食と同様に。

【ポイント2】
1ccシリンジで与えるコツは以下のとおりです。
・切歯と臼歯の間の隙間にシリンジの先を入れます。このとき、いきなりまっすぐに突き刺すように入れるのではなく、口角にシリンジの先を添わせるようにしてから、シリンジの先を立てるように（上顎のほうを向くように）しながら口の中に入れていきます。
・シリンジの0.5ccの目盛りあたりまでは口の中に入れても問題ありません。少なくても0.3ccの目盛りが見えなくなるくらいまでは口の中に入れます。
・介護食を自分から進んで食べてくれるウサギの場合は、シリンジの先だけを口に入れれば大丈夫です。
・シリンジを嫌がってうまく食べてくれないウサギの場合、シリンジを口の中に入れてからシリンジの先を上顎に向けて介護食を出すようにします。口内の比較的奥の方の舌の上に介護食が落ちるので、飲み込みやすくなります。また、上顎に向けることで誤嚥を防ぐことにもなります。
・介護食を口に入れてもモグモグと食べてくれず、口の中に介護食を溜め込むウサギの場合は、0.5ccくらいの量を口の中に入れた時点でいったんシリンジを抜くといいでしょう。シリンジを抜くことで口を動かし、飲み込んでくれるウサギが多いからです。
・介護食を喜んで食べてくれるウサギの場合は、1cc分の量を一気に入れても問題なく食べてくれます。

COLUMN
ウサギの食事のヒヤリ・ハット

おだやかに過ごすウサギとの暮らしには、うわっ！びっくりした、あぶなかった〜！と冷や汗をかくようなこともあるかもしれません。ここでは、食事にまつわるヒヤリ・ハット事例を集めてみました。ヒヤリ・ハットが事故やトラブルにならないよう、気づいたら対策を！

牧草の袋の底のほうには脱酸素剤が入っています。それが小さいので、最後のほうになると牧草と一緒につかんでケージに入れてしまうことも。気をつけてるんですが……。

▶▶うっかり食べたら大変。脱酸素剤に限らず、異物がないかをチェックするといいですよ。

ペレットは体重の2％の量をあげるというのを読んだので、ちゃんと計ってあげていたのですが、計算の仕方を間違えていて、すごくたくさんあげていました。

▶▶間違っていたことに気がついてよかったです！

キッチンでネギを刻んでいるとき、うっかり下に落としちゃいました。そこにすかさずやってきたウサギ、ネギをかじろうとしたのであわててネギを回収しました。

▶▶ネギにタマネギ、ニラ等々の食材、ウサギにはNG。気づかず落ちたままなんてこともないようにしましょう。

陶器製の食器を使っています。なんかうっすら線が見える？と思ったらヒビが！気づかずに使い続けてケージの中で割れたりしなくてよかった。

▶▶ヒビが入ったり、フチが欠けたり。陶器は割れ物、そんなことも起こるんですね。

未開封のペレットをストックしていた、つもりだったのですが、ストックを入れているダンボール箱を見てみたら入ってなかった……。あわてて注文しました。

▶▶日常のごはんだけじゃなく災害備蓄としてもストックはおすすめ！

家族でウサギを飼っています。誰かがごはんをあげただろうと思っていたら、実は誰もあげていなくて……。ウサギが食器をガタガタしてアピールしていました。

▶▶ごはん当番、決めたほうがいいかもしれませんね。

天候の加減で室内に入れたベランダ菜園のシソの鉢植え。妙に満足げなウサギの顔に嫌な予感がしたら、きれいさっぱり食べられちゃってました。

▶▶「そこに葉っぱがあるから食べるのだ」と、ウサギ。食べていい野菜でも、むやみに食べられないよう気をつけましょう。

ウサギが給水ボトルと大騒ぎで戦っていました。どうしたのかと思ったら、ボトルから水が出ていなくて。喉が乾いちゃったね、ゴメンね。

▶▶なにかの加減でボトルから水が出ないってこと、あるものです。取り付けるたびに水が出るかどうか要確認！

自然ゆたかなところに遊びに行くので、ウサギに野草をあげようと摘みに行きました。地元の人に摘んだものを見てもらったら、セリとドクゼリを間違えてました。危ない。

▶▶よくわからないことはちゃんと調べたり聞いたりするの、大事ですね。

お父さんが仕事から帰宅するのは家族が寝たあと。起きているのはウサギだけ。ウサギにねだられたお父さんが、おやつやペレットを夜中にあげてしまうんです。

▶▶お父さんの楽しみは奪えませんね。夜中にあげてもいい分のおやつを取り分けておいてはいかがでしょう。

買い物してきたコンビニ袋を部屋にポイっと置き、それを忘れてウサギをへやんぽに出しちゃいました。コンビニ袋に気づいたウサギが、中にあったチョコに興味津々。

▶▶ガサガサ音がする袋の中にはおいしいものが入っているはずだとウサギは思っています。それが危険なものでも。

ケージに牧草を入れるため、めいっぱい詰まっている袋から牧草を引っ張り出すとき、牧草を引っ張ったはずみで勢いあまってウサギにパンチしそうでいつも怖いです。

▶▶短時間でやっちゃおうと思わずに、ちょっとずつほぐしながら取り出すのがよさそうですね。

給水ボトルは毎日ちゃんとじゃぶじゃぶ洗うのですが、こすり洗いが足りなかったのか、ボトルの底がうっすら緑色に……コケが生えてました。

▶▶ボトルはこすり洗いをしっかりしないと、水垢やコケで赤や緑になっても美しくないですから。

冷や汗をかいたら「気づき」に変えましょう！

part 6
食の
データベース

ウサギの防災対策は、自然災害の多い日本では欠かせないものです。食事面を中心に災害に備える準備を見ていきます。牧草や野菜、ペレットなどの食材の成分表は、ウサギに与える食べ物を選ぶ際に参考にしていただけるでしょう。ウサギの食事史や法律などについてもまとめました。

1. ウサギの食事史

ペットのウサギは何を食べてきたのか

時代によってウサギと人との関係は変化してきました。かつては家畜として食肉や毛皮目的であったものが、今では犬や猫に並ぶコンパニオンアニマルとしての地位を確立しています。ウサギ史上最も健康的な食生活を送っているのかもしれません。では昔の飼い方から学ぶことはなにもないのか、食を切り口にウサギの歴史を振り返ってみましょう。

イベリア半島に生息していたウサギ（ヨーロッパアナウサギ）が家畜化されるようになったのは、紀元前750年以降のローマ時代のことです。本格的に飼育されるようになったのは11～12世紀で、ヨーロッパ各地に広がったのは15～16世紀のことです。

江戸時代のウサギ〜野菜類や穀類

日本には中世に初めてやってきたといわれます。江戸時代中期にはペットとしてウサギ（アナウサギ）が飼われていたという文献が残っています。円山応挙（1733～1795）の《百兎図》や《木賊に兎図》には、白い毛で赤い目のウサギやダッチ柄のウサギが描かれ、それ以外にも白に赤目のウサギは多く描かれていることから、アナウサギは想像以上に身近な存在だったのかもしれません。文献には「蔬穀を食べる」とありますから、野菜類や穀類を与えていたのでしょう。

明治時代のウサギ 〜穀類やさまざまな植物

明治初年、爆発的なウサギブームがやってきます。欧米や中華民国から愛玩用として輸入され、その大人気に価格は高騰、人気品種のオスは現在の価値で50～100万円という価格で取引されたといいます。明治6（1873）年には、ウサギ1匹につき1円が徴収される「ウサギ税」が導入されました。

この頃のウサギたちが食べていたものを、明治元（1868）年にロンドンで発行され、明治6年に日本で翻訳発行された「牧畜要論」から見てみましょう。

推奨されているのは水分を含まない穀類（大麦、小麦、トウモロコシなど）です。ほかには、セリ、タイム（以下、現在流通している植物名で記載）、ノコギリソウ、ヤローといった香りのよい植物や、キャベツの粗葉、カブ葉、レタス、セロリ、ニンジンなどの葉、ハコベ、タンポポなどが推奨されています。注意点として、乾かして水分を取り去ってから与えること、肉、酸っぱいもの、辛いものは与えてはいけないこと、誤って与えるとすぐ死んでしまうことなどが挙げられています。

明治初年のウサギブームは、投機の色合いが強かったとはいえ愛玩が目的だったようです。このあと日清戦争、日露戦争の時代になってくると、ウサギ飼育の目的は軍服の毛皮を取ったり、肉を利用するためというように変貌していきます。

明治25（1892）年の「兎そだて草」では、常に柔らかな野草か野菜の切りくずを与え、時々、おからを与えると紹介されています。おからを与えるときは野菜や野草を細かく刻んで、水を加えてよく練って与えると大いに喜んで食べるのだとか。山野の植物の葉のうち最も好んで食べるのはセリ、クズの葉、オオバコなどだとも書かれています。また、牧場で飼う場合に勧められている牧草には、おなじみのチモシーが登場しています。

大正時代のウサギ
〜おからやふすまが主要飼料

大正時代もウサギは家畜として飼われています。大正9（1920）年の食肉用ウサギの飼育書「兎の飼ひ方」から、食事メニューの一例を見てみましょう。
夏の朝か昼：生草（オオバコ、クローバー、ニガナ、タンポポ、ヒエ草、トウモロコシの茎）、ニンジンの葉。
夕方：大麦1合（朝、水にひたしておく）。
冬の朝か昼：ダイコンの乾草（湯で戻す）、木の葉。
夕方：大麦1合（一晩、水にひたしておく）。レンコンのくず若干、カボチャ（うらなり）若干。

農産製造粕（おから、ふすま）はわが国のウサギの主要飼料であることや、パンくずは都会で利用すべきものであるとも書かれています。

今の感覚からいえば炭水化物が多すぎますが、ペレットのない時代、手に入る食べ物のなかから工夫していたのでしょう。

昭和・戦時中のウサギ
〜野菜くずならなんでも

第二次世界大戦中、ウサギの立場は「軍用兎」でした。「戦線の兵隊さんに毛皮と肉をもってご奉公」（雑誌「日本婦人」より）するため、高齢者や女性、子どもたちにも簡単に飼える（とされていた）ウサギは、「国策副業」として推奨されていたのです。

「日本婦人」では、野草、牧草、乾草類や蔬菜くずに、多少の濃厚飼料（穀類など）を都合すれば立派に飼えると紹介されています。また、「国策副業・兎の飼ひ方」では、ダイコン葉、イモの蔓、タンポポ、ハコベなどの野草、カボチャ、ニンジン、ハクサイなどの野菜くずといったものはなんでもいい、偏食させると発育が悪いのでいろいろなものを与える、マメ類の葉や鞘は少しずつでも絶えず与えると発育がよい、などとも説明されています。

昭和9（1934）年の「こんな有利な兎の飼ひ方と売り方」で目を惹くのは飲み水について、「家兎に水を与えれば死んでしまうなどというのは非常識もはなはだしいことである。毎日、一定時間、給水しなくてはならない」と書かれていることです。一定時間に限って給水するのは、給水ボトルのような便利なものがなかったことや、今のような衛生的なケージもなく、木の箱で飼われていたという背景もあるでしょう。水をこぼしたりすれば体を冷やしたり不衛生になるなどの問題があったと想像できます。

ちなみに、のちに昭和から平成にかけての頃、露天商がウサギを販売していることがありましたが、その際の決まり文句のひとつに「水を飲ませてはいけない」でした。明確な理由はわかりません（水をこぼして不衛生になったり体を冷やすから？）。

昭和・戦後のウサギ
〜青物は陰干ししてから

戦争が終わり、ウサギは「軍用兎」ではなくなりましたが、戦後になってもウサギに求められたのは「輸入する食糧への見返り品としての兎皮、兎毛」「被服資源の自給自足」「国民栄養の向上」「糞尿の活用」でした（「兎の飼い方」）。そこに「愛玩」という言葉は登場しません。

「兎の飼い方　兎の高速度肥育法」では、季節ごとの食事メニューに「価値評点」をつけています。春はレンゲ、ハコベ、ルーサン（アルファルファ）など、夏はミズソバ、ヒエ、ジャガイモのくずなど、秋はブナの実、サツマイモの蔓、クワの葉（乾燥）など、冬は乾草、サイレージ（青刈り作物、牧草をサイロに詰めて乳酸発酵させたもの）などが100点満点の食材です（ちなみにチモシーの点数は85点）。

ほかに、青物は1日前に採ったものを陰干ししてから与えること、食事時間が不規則だと消化不良を起こすので気をつけることや、畜産試験場で与えている量も紹介されています。
朝…青菜を200 g
昼…豆腐粕を80 g
夕方…粒餌（小麦20、大麦20、大豆油粕5という重量比）、青菜200 g

この頃のウサギはあくまでも家畜ではありますが、「食事を与えるときには『ウサ公いるかナ…』などと声をかけてから近づき、驚かさないようにする」と、ストレスへの対応も考えられてはいたようです。

◆**実験動物、学校飼育動物としてのウサギ**

毛皮や食肉として利用されていたウサギは昭和初期から実験動物としても使われるようになり、戦後にはその数が多くなっていきました。実験動物用飼料も製造されます。

食のデータベース　ウサギの食事史

ウサギには学校飼育動物という側面もあります。昭和10年代には理科の教科書に初めて「兎ノセワ」という単元が登場し、「とって来た草の中に、兎がきらいなものがまじっていないかどうか、よくしらべましょう」「野原にはどくになる草がいろいろあるから気をつけましょう」「兎は腹をくだすことはあります。そのときには、げんのうしょうこやせんぶりを食べさせると、たいていなおります」と書かれています。

現在でも学習指導要領に則って学校ではウサギなどの動物が飼育されています。平成15年に文部科学省が発表した「学校における望ましい動物飼育のあり方」ではエサについて「給食の残りや牧草でまかなっていることが多く見られるが、量の不足や栄養の偏りが見られるので、市販のウサギ用飼料を与えるようにするとよい」「補助食として野菜（ニンジン、キャベツ、白菜、イモ類、カボチャ、小松菜、パセリ、タンポポ、クローバー、干草など）を与える」「エサは、毎日新しいものと取り替える」「ウサギ用飼料がない場合は煮干しも与える」「1回のエサの量は、1羽につきウサギ用飼料100g、野菜は容器に山盛り一杯で、朝夕2回、大体1時間で食べ終わる量を目安とする」と解説されています。学校でのウサギ飼育については賛否が分かれるところですが、飼育中の学校では、食事をはじめとして適切な飼育管理が行われることが望まれます。

昭和から平成のウサギ～牧草が主食に

昭和55年「飼い方図鑑　動物1ウサギ・ハムスター・チャボ」で勧められているウサギの食事は「ペレット、キャベツ、サツマイモ、ニンジン、コマツナ」です。当時のペレットは「ペレットを与えることもできる」といった程度の扱いですし、今では当然の食事メニューである牧草はあまり登場しません。

平成に入るとウサギの主食はペレットという時代になりましたが、牧草は野菜や野草と同じような扱いでしかありません。

ウサギの食環境が大きく変化したのは1999年のうさぎ年の頃からでしょうか。いわゆるアメリカンラビット、純血種のウサギへの人気が急上昇したこともあるかもしれません。「長生きをさせる」という考え方のもと、牧草の重要さが広く再認識されるようになったのも、この頃からでしょう。

令和のウサギ ～選択肢の増加と情報の取捨選択

今、一般的なウサギの食事は、体を作る基礎となる栄養を与えるためのペレット、歯や消化管の健康と本能的満足感を与えることのできる牧草を中心とした、バランスのよい内容になっているように感じられます。

飼い主の意識の高さやメーカーの企業努力、ウサギに特化した専門店の存在などが相まって質のよいペレットやおやつ類も増えているといえます。ウサギのコンパニオンアニマルとしての地位が向上しているという背景もあるでしょう。選択肢が増えているのはとても喜ばしいことだと思います。

しかし、よくない商品が淘汰されているわけではありません。残念ながら、ペットショップでウサギ用として売っているもののすべてがウサギに適したものではありません。ウサギの食性や栄養面を考え、ウサギにとってよいものかどうかを飼い主が考えて買わなくてはならないでしょう。

昭和までにはなかった情報収集源にインターネットがあります。「この野菜はあげてもいいのかな？」と思ったときにネット検索をするという方も多いでしょう。ネットで発信されている情報には、裏付けが明確で正しい内容のものもあれば、根拠がよくわからない内容のものもあります。ネットの情報を利用するときは、「ネットに書いてあるから合っている」ではなく、正しい情報もあればそうではない情報もあるのだということを頭に入れたうえで、根拠や裏付けを確認しながら利用してほしいと思います。

2. 災害に備える

防災用品の準備

◆避難グッズを揃えておこう

日本は自然災害が多い国です。家にいるのが危険だとなったときには避難所、自家用車、知人宅などに避難することになります。いざというときのために、人の避難グッズに加えてウサギの避難グッズも揃えておきましょう。

◆避難グッズの一例

ウサギの移動、住まい
キャリー（ハードキャリー）、自家用車を利用するなど持ち運びや移動の自由がある場合は折りたたみ式のケージ

生活用品
ハーネス（念のため迷子札をつける。ハーネス装着には日頃から慣らしておく）、リード、余裕があれば食器、給水ボトルや水飲み用の皿、キャリーやケージにかける目隠し用の布や防寒用のフリースの布

衛生用品
ペットシーツ、ビニール袋、新聞紙、消臭スプレー、ガムテープ、タオル、ウェットティッシュなど

食べるもの
ペレット、牧草、おやつ、飲み水

健康管理
動物病院の連絡先、診察券、飼育日記、常備薬、サプリメント類、必要ならシリンジ

◆食に関するポイント

ペレット
ウサギ用のペレットが災害時の支援物資に含まれていることはありますが、量は少なく、優先的に支援されるのはドッグフードやキャットフードです。また、支援物資のウサギ用ペレットが手に入るとしても、いつもと違うものだと食べないかもしれません。ペレットは必ず、いつものものを用意します。できれば2週間分は避難グッズに入れておきましょう。

牧草
かさばるので避難グッズに入れにくいものではありますが、ウサギにとっては重要な食べ物でもあります。500g程度の市販品をひとつは用意できるといいでしょう。

おやつ
災害にともなうストレスや移動のストレス、飼い主の不安を感じてしまうストレスなどで食欲を落とすことが心配されます。これなら絶対に食べてくれるというおやつを必ず入れておいてください。

飲み水
ストレスや緊張で飲まない様子なら積極的に飲ませる必要があるものです。必ず用意してください。水は人の避難グッズにも入っているかと思いますが、人にとっても大切なものですから、ウサギにはウサギ用を。避難所で支給されるのはお茶などの場合も多いようです。ウサギ用のイオン飲料を用意しておいてもいいでしょう。

サプリメント
いつも与えているものがあるなら用意しておきましょう。また、元気がないときや食欲がないときに与えているものがあればそれも準備しておきます。

災害時に避難することを考えて普段から備えよう

ローリングストックで災害に備える

◆家庭内での備蓄

近辺で災害があったとしても、自宅は被災せず、避難する必要もないので家にいるということもあります（在宅避難）。こうした場合でも、周辺の交通網が寸断すれば通信販売で購入している牧草やペレットの配達が遅延したり、ペットショップへの入荷が遅れたりします。ペット用品の製造工場がある地域が被災する場合もあるかもしれません。たとえ自宅とは遠く離れた場所での災害だとしても、影響を被ることになります。

なくなりそうになってから慌てて購入していると、いざというときに「ウサギに与える牧草やペレットを使い切ってしまったが、いつ手に入るかわからない」ということになりかねません。

牧草とペレットは2ヶ月分程度、飲み水（軟水のミネラルウォーター）は1ヶ月分程度が目安です。常にストックしておくと安心です。

◆ローリングストックしよう

人の防災対策、災害備蓄の考え方として提唱されているローリングストック法をウサギの食べ物にも取り入れましょう。食べ物を日常生活で消費しながら備蓄しておくという考え方です。

◆ローリングストックの一例

① 現在、開封済みで日常与えているペレットが1袋あり、それをウサギに与えている状態からローリングストック法を取り入れてみましょう。
② 新しくペレットを1袋購入し、備蓄用とします。
③ 日常与えているペレットが少なくなってきたら、新たにペレットを1袋購入します。これも備蓄用です。
④ 日常与えているペレットを使い切ったら、②で備蓄用だったペレットを日常用におろします。③で購入したペレット1袋が備蓄用として保存されている状態になります。
⑤ このようにすれば、常に家庭内には備蓄用として未開封のペレットが存在し、それが定期的に新しいペレットに更新されるので、「いざというときに与えようと思ったら消費期限がとっくに切れていた」ということになりません。
⑥ ペレットのほかに牧草、おやつ、サプリメント、ミネラルウォーターもローリングストックしましょう。

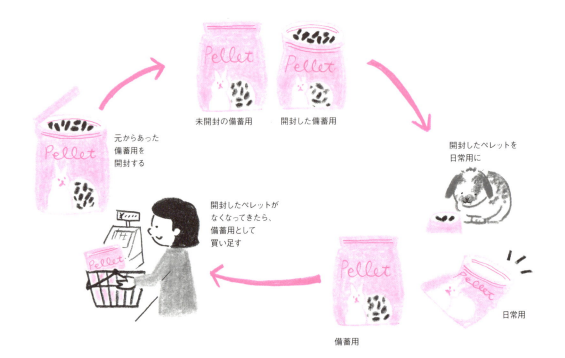

ローリングストックの一例。家庭内での備蓄はローリング（回転）させて備えよう

COLUMN
近隣の路面店をチェックして

　ペレットや牧草などをネット通販で購入している場合も多いでしょう。しかし災害が発生した場合に配送が遅れたり流通がストップしてしまうこともあります（ローリングストックを取り入れればこうしたリスクも避けることができます）。

　近所のペットショップやスーパーマーケット、ホームセンターなどでウサギ用のペレットや牧草などを販売していないか確認しておくといいでしょう。

COLUMN
同行避難が原則

　災害時にはペットとの同行避難が原則です。環境省が作成した「災害時におけるペットの救護対策ガイドライン」でも、動物愛護の観点や人の生活環境保全などの観点から推進されているものです。災害時にウサギを連れて避難し、避難所で生活をしたという事例もあります。

　ただし同行避難は必ずしも「ペットと一緒に避難所に入れる」ことを指すわけではなく、ペットとともに安全な場所まで避難する行為（避難行動）のことをいいます。似た言葉に同伴避難がありますが、これは、被災者が避難所でペットを飼養管理すること（状態）です。ペットは人とは別の部屋に置かれ、そこに世話をしに行くという場合もあります。

　避難所によって異なるので注意しましょう。

COLUMN
見つけておこう、食べられる野草

　災害時には、ウサギに与えられる食べ物が手に入らないという緊急事態も起こり得るかもしれません。そんなときのために、近所のどこかにウサギが食べられる野草が生えていないかを探しておくことをおすすめします（野草を摘むにあたっての注意点は110ページをご確認ください）。

　また、ビワの葉やクワの葉など樹木の葉もウサギに与えることができるものです。日頃からのご近所づきあいのなかで、「庭にビワの木があるおうち」などをチェックしておき、いざとなったらおすそわけしていただくのも、場合によってはありかもしれません。

　そして、105ページでご紹介しているようなベランダ栽培も、万が一のときにウサギの命をつなぐ助けとなるでしょう。

3. ウサギの食と法律

動物愛護管理法とウサギの食

ウサギの食に関してどのような法規制があるのかを見てみましょう。ここでは法律からごく一部をかいつまんでご紹介しますが、環境省動物愛護管理室のホームページからは法律の概要や条文を見ることができるので興味があればご覧ください。

◆適切な給餌・給水を行うこと

「動物の愛護及び管理に関する法律」では基本原則として、動物を取り扱う場合には「適切な給餌及び給水」を行わなければならないと義務づけられています。

飼い主は動物の種類や習性などに応じて適正に飼養しなくてはならないこと、動物取扱業者(ペットショップなど)は販売にあたっては購入者に適正な飼養方法について説明しなくてはならないことも定められています。「適正な飼養」にはもちろん、食生活も含まれています。

また、罰則として、愛護動物(ウサギも含まれます)に対し、みだりに給餌または給水をやめることなどは虐待にあたり、100万円以下の罰金が科せられます(2019年6月の法改正で、罰則は「懲役1年または100万円以下の罰金」となりました。施行は2020年6月)。

ほかにも環境省告示「家庭動物等の飼養及び保管に関する基準」では「種類、発育状況等に応じて適正に餌及び水を給与すること」、同「第一種動物取扱業者が遵守すべき動物の管理の方法等の細目」「第二種動物取扱業者が遵守すべき動物の管理の方法等の細目」では「動物の種類、数、発育状況、健康状態及び飼養環境に応じ、餌の種類を選択し、適切な量、回数等により給餌及び給水を行うこと」とされています。

第一種動物取扱業とはペットショップやペットホテルなど営利目的のものをいいます。第二種動物取扱業とは営利を目的とせず、一定数(ウサギの場合だと10頭以上。動物によって違いがある)を飼養または保管するもので、動物愛護団体のシェルターや公園などでの非営利の展示などが該当します。

◆離乳した動物を販売すること

販売業者は、離乳等を終えて、成体が食べる餌と同様の餌を自力で食べることができるようになった動物を販売しなくてはなりません。

ペットフード安全法について

ペットフード安全法(愛がん動物用飼料の安全性の確保に関する法律)は、安全なペットフードを提供してペットの健康を守ること、動物福祉に寄与することを目的として2008年に制定された法律です(2009年6月より施行)。

この法律の対象となっているのは犬・猫に与える「愛がん動物用飼料」で総合栄養食、副食、おやつ類、ガム、サプリメント、ペット用のミネラルウォーターなども含まれています。

ペットフード安全法では、国がフードの基準(「有害な物質を含み、若しくは病原微生物により汚染され、又はこれらの疑いがある原材料を用いてはならない」など)と規格(添加物、農薬、汚染物質、その他の5つのカテゴリーについて、含有量の基準値が設定されている)を定めています。ペットフードの製造、輸入、販売に関わる業者はこれを守らなくてはなりません。表示の基準も定められています(ペットフードの名称、原材料名、賞味期限、事業者の名称と住所、原産国名)。

ウサギ用のペットフードはこの法律の対象外ですが、ウサギ用のペレットを製造販売していて、ドッグフードやキャットフードなどの犬用の食べ物も製造販売している会社は、犬猫用についてはペットフード安全法を遵守しています。ウサギ用の食べ物についても安全なものを製造していることを期待したいと考えます。

また、ペットフード安全法ができるまでの議論のなかでは、当面は犬猫の基準づくりから始めるという意見も出ていましたから、いずれウサギの食べ物も安全性が法的に守られる日が来ることを願います。

4. 食べ物の成分表と栄養要求量

牧草の成分表

(単位はすべて％)

			水分	粗タンパク質	粗脂肪	NFE	粗繊維	ADF	NDF	粗灰分	カルシウム	リン
乾牧草												
イネ科	チモシー	1番草・出穂期	14.1	8.7	2.4	39.4	28.9	34.1	55.7	6.5	0.49	0.27
	チモシー	再生草・出穂期	16.5	8.2	2.3	39.1	27.8	32.8	53.7	6.1	0.44	0.31
	チモシー	輸入	11.1	7.2	2.0	42.9	30.5	34.5	59.3	6.3		
	オーチャードグラス	1番草・出穂期	16.3	10.9	2.8	35.1	27.9	32.9	53.9	7.0	0.39	0.23
	イタリアンライグラス	1番草・出穂期	14.2	9.7	2.3	37.0	28.5	33.6	55.1	8.3	0.52	0.33
	イタリアンライグラス	輸入	9.4	5.6	1.3	48.9	29.2	38.0	59.2	5.6		
	トールフェスク	1番草・出穂期	15.5	7.9	1.4	38.6	30.1	35.5	56.9	6.5		
	バミューダグラス	2番草・出穂期	13.1	13.2	1.8	50.1	11.8	10.8	33.6	10.0		
	スーダングラス	1番草・出穂期	15.5	5.8	1.4	40.5	27.8	32.8	52.8	9.0		
	スーダングラス	輸入	10.4	7.1	1.4	43.9	28.9	37.0	61.6	8.3	0.43	0.22
	エンバク	輸入	12.0	5.5	1.9	47.8	27.0	31.5	55.7	5.7	0.22	0.17
マメ科	アルファルファ	1番草・開花期	16.8	15.9	2.0	33.4	23.9	29.5	36.7	8.0	1.25	0.23
	アルファルファ	輸入	11.2	17.0	1.8	36.1	25.1	29.3	37.4	8.9	1.33	0.24
	アカクローバー	1番草・開花期	17.3	12.7	2.5	36.7	23.8	30.2	38.0	7.0	1.65	0.24
	シロクローバー	開花期	15.6	20.4	4.0	35.6	13.6			10.8		
生牧草												
イネ科	チモシー	1番草・出穂期	79.9	2.0	0.7	9.6	6.2	7.3	12.3	1.6	0.28	0.34
	オーチャードグラス	1番草・出穂期	80.5	2.3	0.7	9.1	5.7	6.7	11.5	1.7	0.38	0.29
	イタリアンライグラス	1番草・出穂期	84.7	2.1	0.6	6.7	4.3	5.0	8.8	1.6	0.44	0.31
	バミューダグラス	1番草・出穂期	74.7	3.5	0.5	11.1	7.6	8.7	15.6	2.6		
	スーダングラス	1番草・出穂期	80.3	2.1	0.6	8.2	6.8	8.0	12.9	2.0	0.34	0.26
	エンバク	出穂前	87.5	2.9	0.8	4.7	2.5	2.9	4.8	1.6	0.46	0.36
	大麦	出穂前	87.8	2.3	0.6	4.8	3.3	4.0	6.0	1.2	0.40(※)	0.30(※)
マメ科	アルファルファ	1番草・開花期	80.8	3.4	0.6	7.5	5.9	7.2	8.9	1.8	1.23	0.22
	アカクローバー	1番草・開花期	84.0	2.7	0.6	7.0	4.1	5.4	6.8	1.6	1.65	0.27
	シロクローバー	開花期	85.1	4.0	0.7	6.6	2.2	3.3	3.7	1.4	1.45	0.37
そのほか												
マメ科	アルファルファヘイキューブ	輸入	12.1	16.7	2.2	36.1	21.9	26.5	33.9	11.1		

(※出穂期)

「日本標準飼料成分表2009年版」より

※注釈
数値は水分から粗灰分までは現物中％、カルシウムとリンは乾物中％

NFE：「可溶無窒素物」のこと。飼料全体の重量から水分、粗タンパク質、粗脂肪、粗繊維、粗灰分の量を差し引いたもののことで、糖類、デンプンやリグニン（食物繊維の一種）なども含みます。上記の表では、水分、粗タンパク質、粗脂肪、NFE、粗繊維、粗灰分の数字を足すとほぼ100％になります。

ADFとNDF：ADFは「酸性デタージェント繊維」といい、繊維質のうちセルロースとリグニンのこと、NDFは「中性デタージェント繊維」といい、繊維質のうちヘミセルロース、セルロース、リグニンのことを指します。これらが不溶性食物繊維の主成分です。
　一般的な成分分析では、分析操作をするときに繊維質の一部が溶け出してしまうため、実際に含まれているすべての繊維質を評価することができません。デタージェント法という方法で分析することで繊維全体の評価ができます。飼料の繊維質が重要な家畜の世界で発展しました。

153

食材の成分表

(100g中)

		エネルギー	水分	タンパク質	脂質	炭水化物	水溶性食物繊維	不溶性食物繊維	灰分	カルシウム	リン	硝酸イオン	備考
		kcal	g	g	g	g	g	g	g	mg	mg	g	
野菜													
アブラナ科	カブ 葉 生	20	92.3	2.3	0.1	3.9	0.3	2.6	1.4	250	42	Tr	
	キャベツ 結球葉 生	23	92.7	1.3	0.2	5.2	0.4	1.4	0.5	43	27	0.1	
	クレソン 茎葉 生	15	94.1	2.1	0.1	2.5	0.2	2.3	1.1	110	57	0.1	
	コマツナ 葉 生	14	94.1	1.5	0.2	2.4	0.4	1.5	1.3	170	45	0.5	
	サントウサイ 葉 生	14	94.7	1.0	0.2	2.7	0.4	1.8	1.1	140	27	0.3	
	タアサイ 葉 生	13	94.3	1.3	0.2	2.2	0.2	1.7	1.3	120	46	0.7	
	ダイコン 葉 生	25	90.6	2.2	0.1	5.3	0.8	3.2	1.6	260	52	0.2	
	チンゲンサイ 葉 生	9	96.0	0.6	0.1	2.0	0.2	1.0	0.8	100	27	0.5	
	和種ナバナ 花らい・茎 生	33	88.4	4.4	0.2	5.8	0.7	3.5	1.2	160	86	Tr	
	ハクサイ 結球葉 生	14	95.2	0.8	0.1	3.2	0.3	1.0	0.6	43	33	0.1	
	ハツカダイコン 根 生	15	95.3	0.8	0.1	3.1	0.2	1.0	0.7	21	46	-	
	ブロッコリー 花序 生	33	89.0	4.3	0.5	5.2	0.7	3.7	1.0	38	89	Tr	
	ブロッコリー外葉		83.4	3.3	0.7	(可溶無窒素物9.2)	(粗繊維2.4)		1.0				(日)単位は%
	ミズナ 葉 生	23	91.4	2.2	0.1	4.8	0.6	2.4	1.3	210	64	0.2	
	ミブナ 葉 生	15	93.9	1.1	0.3	2.9	0.3	1.5	1.3	110	34	0.5	
	ルッコラ 葉 生	19	92.7	1.9	0.4	3.1	0.3	2.3	1.5	170	40	0.4	
セリ科	アシタバ 茎葉 生	33	88.6	3.3	0.1	6.7	1.5	4.1	1.3	65	65	Tr	
	セリ 茎葉 生	17	93.4	2.0	0.1	3.3	0.4	2.1	1.2	34	51	0	
	セロリ 葉柄 生	15	94.7	0.4	0.1	3.6	0.3	1.2	1.0	39	39	0	
	ニンジン 根 皮つき 生	39	89.1	0.7	0.2	9.3	0.7	2.1	0.8	28	26	0	
	葉ニンジン 葉 生	18	93.5	1.1	0.2	3.7	0.5	2.2	1.1	92	52	0.4	
	パセリ 葉 生	43	84.7	4.0	0.7	7.8	0.6	6.2	2.7	290	61	0.2	
	糸ミツバ 葉 生	13	94.6	0.9	0.1	2.9	0.3	2.0	1.2	47	47	0.3	
	パクチー 葉 生	23	92.2	2.13	0.52	3.67	(食物繊維2.8)		1.47	67	48		(米)
キク科	シュンギク 葉 生	22	91.8	2.3	0.3	3.9	0.8	2.4	1.4	120	44	0.3	
	レタス 土耕栽培 生	12	95.9	0.6	0.1	2.8	0.1	1.0	0.5	19	22	0.1	
	サラダナ 葉 生	14	94.9	1.0	0.2	2.7	0.2	1.6	1.0	56	49	0.2	
	リーフレタス 葉 生	16	94.0	1.4	0.1	3.3	0.5	1.4	1.0	58	41	0.2	
	サニーレタス 葉 生	16	94.1	1.2	0.2	3.2	0.6	1.4	1.1	66	31	0.2	
シソ科	オオバ 葉 生	37	86.7	3.9	0.1	7.5	0.8	6.5	1.7	230	70	0.1	
ツルムラサキ科	ツルムラサキ 茎葉 生	13	95.1	0.7	0.2	2.6	0.6	1.6	1.1	150	28	0.4	
ナス科	トマト 果実 生	19	94.0	0.7	0.1	4.7	0.3	0.7	0.5	7	26	0	
マメ科	トウミョウ 芽ばえ 生	24	92.2	3.8	0.4	3.2	0.2	2.0	0.4	7	47	0	
野草・ハーブ													
アブラナ科	ナズナ 葉 生	36	86.8	4.3	0.1	7.0	0.5	4.9	1.7	290	92	0.1	
キク科	ヨモギ 葉 生	46	83.6	5.2	0.3	8.7	0.9	6.9	2.2	180	100	Tr	
	タンポポ 葉 生	45	85.6	2.7	0.7	9.2	(食物繊維3.5)		1.8	187	66		(米)
	アザミ		88.9	1.5	0.6	(可溶無窒素物4.8)	(粗繊維2.2)		2.0	2.97	0.40		(日)単位は%
シソ科	バジル 葉 生	24	91.5	2.0	0.6	4.0	0.9	3.1	1.5	240	41	0.4	
	スペアミント 生	44	85.6	3.29	0.73	8.41	(食物繊維6.8)		2,03	199	60		(米)

(100g中)

		エネルギー	水 分	タンパク質	脂 質	炭水化物	水溶性食物繊維	不溶性食物繊維	灰 分	カルシウム	リン	硝酸イオン	備考
		kcal	g	g	g	g	g	g	g	mg	mg	g	
イネ科	クマイザサ		53.7	5.7	1.8	(可溶無窒素物19.9)	(粗繊維15.3)		3.6				(日)単位は%
	エノコログサ		45.7	5.4	1.2	(可溶無窒素物23.6)	(粗繊維18.3)		5.8				(日)単位は%
果物													
バラ科	イチゴ 生	34	90.0	0.9	0.1	8.5	0.5	0.9	0.5	17	31	-	
	イチゴ 乾	302	15.4	0.5	0.2	82.8	1.2	1.7	1.0	140	9	-	
	イチゴ 葉茎		55.7	5.4	1.8	(可溶無窒素物24.1)	(粗繊維8.7)		4.3				(日)単位は%
	日本ナシ 生	43	88.0	0.3	0.1	11.3	0.2	0.7	0.3	2	11	-	
	洋ナシ 生	54	84.9	0.3	0.1	14.4	0.7	1.2	0.3	5	13	-	
	モモ 生	40	88.7	0.6	0.1	10.2	0.6	0.7	0.4	4	18	-	
	リンゴ 皮つき 生	61	83.1	0.2	0.3	16.2	0.5	1.4	0.2	4	12	-	
クワ科	イチジク 生	54	84.6	0.6	0.1	14.3	0.7	1.2	0.4	26	16	-	
	イチジク 乾	291	18.0	3.0	1.1	75.3	3.4	7.3	2.5	190	75	-	
マタタビ科	キウイフルーツ 緑肉種 生	53	84.7	1.0	0.1	13.5	0.7	1.8	0.7	33	32	-	
クロウメモドキ科	ナツメ 乾	287	21.0	3.9	2.0	71.4	2.7	9.8	1.7	65	80	-	
パイナップル科	パインアップル 生	51	85.5	0.6	0.1	13.4	0.1	1.4	0.4	10	9	-	
バショウ科	バナナ 生	86	75.4	1.1	0.2	22.5	0.1	1.0	0.8	6	27	-	
	バナナ 乾	299	14.3	3.8	0.4	78.5	2.0	5.0	3.0	26	84	-	
パパイヤ科	パパイヤ 完熟 生	38	89.2	0.5	0.2	9.5	0.7	1.5	0.6	20	11	-	
	パパイヤ 未熟 生	39	88.7	1.3	0.1	9.4	0.2	1.8	0.6	36	17	-	
ツツジ科	ブルーベリー 生	49	86.4	0.5	0.1	12.9		2.8	0.1	8	9	-	
	ブルーベリー 乾	286	21.9	2.7	1.9	72.5	3.0	14.6	1.0	43	63	-	
ウルシ科	マンゴー 生	64	82.0	0.6	0.1	16.9	0.6	0.7	0.4	15	12	-	
ウリ科	露地メロン 緑肉種 生	42	87.9	1.0	0.1	10.4	0.2	0.3	0.6	6	13	-	
ナス科	クコ 乾	349	7.5	14.26	0.39	77.06	(食物繊維13.0)		0.78	190			(米)
そのほか													
イネ科	大麦		11.5	10.6	2.1	(可溶無窒素物69.0)	(粗繊維4.4)		2.3	0.06	0.37		(日)単位は%
	エンバク		11.3	9.8	4.9	(可溶無窒素物61.0)	(粗繊維10.3)		2.7	0.07	0.31		(日)単位は%
マメ科	クズ		65.0	5.8	1.1	(可溶無窒素物14.7)	(粗繊維10.4)		3.0				(日)単位は%
クワ科	クワ 葉		69.8	7.7	1.6	(可溶無窒素物15.2)	(粗繊維3.5)		2.2				(日)単位は%

※注釈
・「日本食品標準成分表2015年版(七訂)」からの引用です。
・可食部100gあたりのデータです。
・表のうち「—」は未測定、「Tr」は微量、「( )」は推定値を示します。
・炭水化物のうち「利用可能炭水化物(単糖当量)」は、でん粉、ぶどう糖、果糖、ショ糖、麦芽糖、乳糖、ガラクトース、トレハロースの合計値を示します。

・「硝酸イオン」は硝酸塩のことです。
・食材の栄養価は、品種や成長段階、収穫する時期、天候や土壌の状態、肥料、部位や保存方法などによっても異なります。
・備考に(米)とあるものは「米国農務省国立栄養データベース」、(日)は「日本標準飼料成分表」からの引用を示します。
・「日本食品標準成分表2015年版(七訂)」は農林水産省ホームページにも掲載されています。

ペレットの成分表

(100g中)

メーカー	品名	カロリー	粗タンパク質	粗脂肪	粗繊維	粗灰分	水分	カルシウム	リン	備考
		kcal/100g	%	%	%	%	%	%	%	備考
イースター	バニーセレクション グロース	265以上	18.0以上	2.0以上	18.0以下	11.0以下	10.0以下	0.8以上	0.5以上	幼ウサギ・妊娠授乳中
	バニーセレクション ネザーランドドワーフ専用	240以上	13.5以上	2.0以上	22.0以下	10.0以下	10.0以下	0.5以上	0.3以上	
	バニーセレクション ロップイヤー専用	230以上	12.5以上	2.5以上	24.0以下	10.0以下	10.0以下	0.5以上	0.3以上	
	バニーセレクションプロ ヘアボールコントロール	270以上	12.0以上	7.0以上	21.0以下	9.0以下	10.0以下	0.5以上	0.25以上	
GEX	彩食健美 7種ブレンド	275	16.0以上	2.5以上	15.0以下	10.0以下	10.0以下	0.5以上	0.5以上	子ウサギから
	ラビットプレミアムフード シンバイオティクスブレンド	298	14.0以上	2.5以上	18.5以下	8.5以下	10.0以下	0.7以上	0.35以上	オールステージ
ハイペット	うさぎのきわみ	約240	14.0-16.0	2.0-4.0	20.0-24.0	5.0-8.0	10.0以下	0.5-0.7		オールステージ
	グルフリ生活 オールステージ	約250	14.0以上	2.0以上	21.0以下	8.0以下	10.0以下	約0.5		オールステージ
メディマル	バージェス エクセル ネイチャーズブレンド		12.6以上	3.6以上	16.5以下	6.5以下	10.0以下	0.75	0.4	総繊維35.0%以上、4ヶ月齢から
	バージェス エクセルラビット ライト		13以上	3以上	19以下	5以下	10以下	0.8	0.5	総繊維38%以上、肥満傾向の成ウサギ
マルカン	プレミアムラビットフード メンテナンス	308	14.0以上	3.9以上	15.2以下	7.3以下	10.0以下			8ヶ月から4歳
	プレミアムラビットフード シニア	305	13.0以上	3.8以上	16.3以下	7.1以下	10.0以下			4歳以上
三晃商会	ラビット・プラス ダイエット・メンテナンス	240以上	13.0以上	2.5以上	22.0以下	10.0以下	10以下	0.6以上		6-8ヶ月以上
	ラビット・プラス ダイエット・グロース	260以上	18.0以上	2.5以上	18.0以下	10.0以下	10以下	0.8以上		8ヶ月くらいまで
	ラビット・プラス ダイエット・ライト	220以上	12.0以上	2.0以上	27.0以下	11.0以下	10以下	0.5以上		6-8ヶ月を過ぎた肥満傾向の生体、高齢ウサギ
	ラビット・プラス シニア・サポート	250	15.0以上	2.5以上	23.0以下	10.0以下	10以下	0.7以上		4歳以上
フィード・ワン	良質素材ラビットフード	255	13.0-16.0	2.0-4.0	18.0-24.0	5.0-8.0	10.0以下	0.5-0.7	0.3-0.5	オールステージ
	ラビットフード コンフィデンス		13.0-16.0	2.0-4.0	18.0-22.0	7.0-9.0	10.0以下	0.6-0.8	0.3-0.5	動物病院専用
フィード	APD ティミー		14.0以上	2.0以下	30.0以下			0.4-0.6	0.4以上	大人用
	APD アルフィー		16.00以上	3.5以上	17.00以下			0.5-1.0以下	0.5以上	子ウサギ用
ウーリー	スタンダードブルーム		14.0-16.5	3.5-4.5	15.5-19.0	6.0-7.5	3.0-4.5	0.52-0.65		6ヶ月から2歳
	スペシャルブルーム		14.0-16.5	3.5-4.5	15.5-19.0	6.0-7.5	3.0-4.5	0.51-0.61		6歳から
	ヘイノルド ウールフォーミュラー		17.00以上	3.00以上	17.00-21.00			0.60-1.10	1.4以上	長毛種
川井	OXBOW エッセンシャル アダルトラビットフード		14.00以上	2.00以上	25.00-29.00		10.0以下	0.35-0.75	0.25以上	ハードタイプ、1歳以上
	OXBOW ガーデンセレクト アダルトラビットフード		12.00以上	2.50以上	22.00-26.00		10.0以下	0.35-0.75	0.25以上	セミハードタイプ、1歳以上
BUNNY GARDEN	Natural Harvest		17.6	2.8	11.6	12.6		1.74	0.2	オールステージ
ニチドウ	モンラパン	260	14.0以上	3.0以上	20.0以下	9.0以下	10.0以下	0.7以上	0.4以上	オールステージ
	メディラビット アダルトハード	256	16.0以上	2.5以上	19.0以下	9.0以下	10.0以下	0.8以上	0.4以上	ハードタイプ、6ヶ月以上
	メディラビット アダルトソフト	259	14.5以上	3.0以上	19.0以下	9.0以下	10.0以下	0.7以上	0.4以上	6ヶ月以上

食のデータベース　食べ物の成分表と栄養要求量

※注釈
・メーカーによって成分名の表記が異なるものがありますが、ここでは便宜上統一しています(タンパク質などは「粗タンパク質」、脂質などは「粗脂肪」、代謝エネルギーなどは「カロリー」など)。
・掲載したもの以外にもウサギ用ペレットは多くの商品が販売されています。

ウサギの栄養要求量

（食事1kg中）

データ1	成長期	維持期
可消化エネルギー（kcal）	2500	2100
可消化養分総量（%）	65	55
粗繊維（%）	10-12	14
脂肪（%）	2	2
粗タンパク質（%）	16	12
ミネラル		
カルシウム（%）	0.4	-
リン（%）	0.22	-
マグネシウム（mg）	300-400	300-400
カリウム（%）	0.6	0.6
ナトリウム（%）	0.2	0.2
クロール（%）	0.3	0.3
銅（mg）	3	3
ヨウ素（mg）	0.2	0.2
マンガン（mg）	8.5	2.5
ビタミン		
ビタミンA（IU）	580	-
カロテンとして（mg）	0.83	-
ビタミンE	40	-
ナイアシン（mg）	180	-
ピリドキシン（mg）	39	-
ビタミン様物質		
コリン（g）	1.2	
アミノ酸		
リジン（%）	0.65	-
メチオニン＋シスチン（%）	0.6	-
アルギニン（%）	0.6	-
ヒスチジン（%）	0.3	-
ロイシン（%）	1.1	-
イソロイシン（%）	0.6	-
フェニルアラニン＋チロシン（%）	1.1	-
スレオニン（%）	0.6	-
トリプトファン（%）	0.2	-
バリン（%）	0.7	-

（食事1kg中）

データ2	成長期用（42-80日齢）	全頭用
グループ1		
代謝エネルギー（kcal/kg）	2600	2400
粗タンパク質（%）	16-17	16
可消化タンパク質（%）	12-13	11-12.5
アミノ酸		
リジン（%）	0.8	0.8
メチオニン＋シスチン（%）	0.6	0.6
スレオニン（%）	0.58	0.6
トリプトファン（%）	0.14	0.14
アルギニン（%）	0.9	0.8
ミネラル		
カルシウム%）	0.8	1.1
リン（%）	0.45	0.5
ナトリウム（%）	0.22	0.22
カリウム（%）	＜2.0	＜1.8
クロール（%）	0.28	0.3
マグネシウム（%）	0.3	0.3
硫黄（%）	0.25	0.25
銅（ppm）	6	10
亜鉛（ppm）	25	40
鉄（ppm）	50	100
マンガン（ppm）	8	10
脂溶性ビタミン		
ビタミンA（IU/kg）	6000	10000
ビタミンD（IU/kg）	1000	1000（＜1500）
ビタミンE（ppm）	≧30	≧50
ビタミンK（ppm）	1	2
グループ2		
繊維質		
リグノセルロース（ADF）（%）	≧17	≧16
リグニン（ADL）（%）	≧5	≧5
セルロース（ADF-ADL）（%）	≧11	≧11
リグニン/セルロース	≧0.4	≧0.4
中性デタージェント繊維（NDF）（%）	≧31	≧31
ヘミセルロース（NDF-ADF）（%）	≧10	≧10
ヘミセルロース＋ペクチン/ADF	≦1.3	≦1.3
炭水化物		
デンプン（%）	≦20	≦16
水溶性ビタミン		
ビタミンC（ppm）	250	200
ビタミンB1（ppm）	2	2
ビタミンB2（ppm）	6	6
ニコチンアミド（ppm）	50	40
パントテン酸（ppm）	20	20
ビタミンB6（ppm）	2	2
葉酸（ppm）	5	5
ビタミンB12（ppm）	0.01	0.01
ビタミン様物質		
コリン（ppm）	200	100

※注釈
・ウサギの栄養要求量を示すデータです。データ1は「エキゾチック臨床vol.6」から、データ2は同書および「Reflections on rabbit nutrition with a special emphasis on feed ingredients utilization」からの引用です（一部改変）。
・データ1はNCR基準（1977年発表）、データ2は2004年に発表されたものです（26ページ参照）。データ2の「グループ1」は生産性を高めるために推奨される飼料成分を、「グループ2」はできるかぎり健康であるために推奨される飼料成分を示しています。いずれも食べ物1kgあたりのデータであることにご留意ください。
・データ2の「全頭用」は1種類のフードをさまざまなカテゴリーのウサギに与える場合を示しています。
・データ2の「ADF」「NDF」はP153「牧草の成分表」をご覧ください。「ADL」はデタージェント分析によるリグニンを示します。

食のデータベース

食べ物の成分表と栄養要求量

参考資料

○R. Baroneほか著、望月公子訳『兎の解剖図譜』学窓社,1977
○赤田光男『ウサギの日本文化史』世界思想社,1997
○Agricultural Research Service "Search the USDA National Nutrient Database for Standard Reference" <http://www.nal.usda.gov/fnic/foodcomp/search/>,[2019年8月22日アクセス]
○芦澤正和、打田正宏、小崎格監修『花図鑑　野菜＋果物』草土出版,2008
○E. V. Hillyer、K. E. Quesenberry、監修:長谷川篤彦、板垣慎一『フェレット、ウサギ、齧歯類―内科と外科の臨床』学窓社,1998
○板木利隆男監修『野菜の便利帳』高橋書店,2008
○伊藤三郎編『果実の科学』朝倉書店,1991
○猪貴義、星野忠彦、後藤信男、佐藤博編『動物の成長と発育―ライフサイエンス展開の基礎として』朝倉書店,1987
○医薬品情報21 "キャベツの成分と甲状腺" <http://www.drugsinfo.jp/2007/11/12-223844>,[2019年7月2日アクセス]
○医薬基盤・健康・栄養研究所「「健康食品」の安全性・有効性情報」<https://hfnet.nibiohn.go.jp/>,[2019年7月5日アクセス]
○医薬基盤・健康・栄養研究所 "薬用植物総合情報データベース" <http://mpdb.nibiohn.go.jp/>,[2019年7月5日アクセス]
○旺文社編『飼いかた図鑑　動物1』旺文社,1980
○大井次三郎『植物1(エコロン自然シリーズ)』保育社,1996
○大井次三郎『植物2(エコロン自然シリーズ)』保育社,1996
○奥村純市、田中桂一編『動物栄養学』朝倉書店,1995
○家畜改良センター "飼料作物の主な草種と特徴" <https://www.nlbc.go.jp/shiryosakumotsu/soshu_tokucho.html>,[2019年6月30日アクセス]
○加藤嘉太郎・山内昭二著『改著　家畜比較解剖図説　上』養賢堂,1995
○Carlos De Blas、Julian Wiseman編『Nutrition of the Rabbit 2nd Edition』Cab Intl,2010
○河合正人 "飼料の種類とその特徴(乳牛栄養学の基礎と応用)" <http://id.nii.ac.jp/1588/00003114/>,[2019年6月30日アクセス]
○環境省自然環境局　総務課　動物愛護管理室 "災害時におけるペットの救護対策ガイドライン" <http://www.env.go.jp/nature/dobutsu/aigo/2_data/pamph/h2506/full.pdf>,[2019年8月13日アクセス]
○環境省自然環境局　総務課　動物愛護管理室 "動物愛護管理法" <http://www.env.go.jp/nature/dobutsu/aigo/1_law/>,[2019年8月15日アクセス]
○環境省自然環境局　総務課　動物愛護管理室 "ペットフード安全法" <https://www.env.go.jp/nature/dobutsu/aigo/petfood/>,[2019年7月10日アクセス]
○河南休男著『兎の飼ひ方』有隣堂,1920
○釧路総合振興局 "チモシーの収量を維持するための管理" <http://www.kushiro.pref.hokkaido.lg.jp/ss/nkc/gijyutu/H29/JA06hon.htm>,[2019年6月30日アクセス]
○グレゴリー・L・ティルフォード、メアリー・L・ウルフ、監修:金田俊介、翻訳:金田郁子『ペットのためのハーブ大百科』ナナ・コーポレート・コミュニケーション,2010
○国立環境研究所 "侵入生物データベース　維管束植物" <http://www.nies.go.jp/biodiversity/invasive/DB/toc8_plants.html>,[2019年6月30日アクセス]
○児玉剛史『栄養素から見た野菜の生産性の季節変動』『農業経営研究』37巻3号,1999
○斉藤久美子『実践うさぎ学』インターズー,2006
○桜井富士郎ほか監修『ペットビジネス　プロ養成講座 Vol.2　フードアドバイザー』インターズー,2007
○サルタリィ・ベン "馬の栄養管理について" <http://www.s-ben.co.jp/kaneko_repo/kaneko_report_03_03.html>,[2019年6月30日アクセス]

日アクセス]
○ジェイエイ北九州くみあい飼料株式会社 "飼料・畜産情報" <http://www.jakks.jp/feed/>,[2019年6月30日アクセス]
○島田真美「サプリメント(1)」『ペット栄養学会誌』16巻2号,2013
○島田真美「サプリメント(3)」『ペット栄養学会誌』17巻2号,2014
○清水矩宏、宮崎茂、森田弘彦、廣田伸七編著『牧草・毒草・雑草図鑑』畜産技術協会,2005
○植物防疫所 <http://www.maff.go.jp/pps/>,[2019年6月30日アクセス]
○瀬尾肇『こんな有利な兎の飼ひ方と売り方』康業社,1934
○草土出版編集部『花図鑑　ハーブ＋薬用植物』草土出版,2004
○高野昭人『おいしく食べる山菜・野草』世界文化社,2013
○高野信雄ほか『粗飼料・草地ハンドブック』養賢堂,1989
○高宮和彦編『野菜の科学』朝倉書店,1993
○田中政晴『國策副業・兎の飼ひ方』『日本婦人』1巻3号,1943
○田村貢編『兎そだて草』田村貢,1892
○ちくさんナビ "ハーブで家畜の健康づくり" <http://jlia.lin.gr.jp/magazine/vol8/003.html>,[2019年7月5日アクセス]
○辻村卓、小松原晴美、荒井京子、福田知子「出回り期が長い食用植物のビタミンおよびミネラル含有量の通年成分変化(1)」『ビタミン』71巻2号,1997
○辻村卓、日笠志津、荒井京子「出回り期が長い食用植物のビタミンおよびミネラル含有量の通年成分変化(2)」『ビタミン』72巻11号,1998
○辻村卓 "野菜の旬と栄養価(月報野菜情報2008年11月号)" <https://vegetable.alic.go.jp/yasaijoho/joho/0811/joho01.html>,[2019年7月25日アクセス]
○津田恒之著『家畜生理学』養賢堂,1994
○霍野晋吉「エキゾチックアニマルの栄養学　1．ウサギ」『ペット栄養学会誌』17巻2号,2014
○David A. Crossley、奥田綾子共著、編・監修:奥田綾子『「げっ歯類とウサギの臨床歯科学」ファームプレス,1999
○東京工科大学 "ローズマリー由来の物質がアルツハイマー病を抑制" <https://www.teu.ac.jp/press/2016.html?id=276>,[2019年7月5日アクセス]
○東京都水道局 "水質基準項目" <http://www.waterworks.metro.tokyo.jp/suigen/kijun/s_kijun1.html>,[2019年7月7日アクセス]
○常磐植物化学研究所 "薬用ハーブ辞典" <https://www.tokiwaph.co.jp/herbs/>,[2019年7月5日アクセス]
○鳥取県動物臨床医学研究所『動物が出会う中毒』緑書房,1999
○中村享靖『兎の飼い方:自給飼料の高速度肥育法』泰文館,1954
○日本科学飼料協会『流通乾牧草図鑑』日本科学飼料協会,2012
○日本作物学会「作物栽培大系」編集委員会監修『栽培作物体系8　飼料・緑肥作物の栽培と利用』朝倉書店,2017
○日本初等理科教育研究会 "学校における望ましい動物飼育のあり方" <http://www.mext.go.jp/b_menu/hakusho/nc/06121213/001.pdf>,[2019年8月10日アクセス]
○日本ホリスティック獣医師協会監修『ホリスティックケアカウンセラー養成講座』カラーズ,2006
○農業・食品産業技術総合研究機構編『日本標準飼料成分表　2009年版』中央畜産会,2010
○農林水産省 "野菜等の硝酸塩に関する情報" <http://www.maff.go.jp/j/syouan/seisaku/risk_analysis/priority/syosanen/index.html>,[2019年7月2日アクセス]
○農林水産省　ペットフードの安全確保に関する研究会 "第5回　ペットフードの安全確保に関する研究会議事概要" <http://www.maff.go.jp/j/study/other/pet_food/pdf/summary5.pdf>,[2019年8月15日アクセス]
○House Rabbit Society "Suggested Vegetables and Fruits for a Rabbit Diet-HRS" <https://rabbit.org/suggested-vegetables-and-fruits-for-a-rabbit-diet/>,[2019年7月2日アクセス]
○林典子、田川雅代『ウサギの食事管理と栄養　エキゾチック臨床 vol.6』学窓社,2012

○陽川昌範著『ハーブの科学』養賢堂,1998

○人見必大、訳注:島田勇雄『本朝食鑑5(東洋文庫)』平凡社,1981

○平川浩文『ウサギ類の糞食』『哺乳類科学』34巻2号,1995

○平林忠『兎の飼い方』朝倉書店,1952

○Frances Harcourt-Brown、監訳:霍野晋吉『ラビットメディスン』ファームプレス,2008

○Hawthorne Lodge Veterinary Practice "Rabbit diets" <https://www.hawthorne-lodge-vets-banbury.co.uk/wp-content/uploads/2015/04/hlvp_fs_rabbit_diets.pdf>,[2019年6月30日アクセス]

○Paul A. Flecknell著、訳:斉藤久美子『ウサギの内科と外科マニュアル』,2002

○堀内茂友ほか編『実験動物の生物学的特性データ』ソフトサイエンス社,1989

○御影雅幸、吉光見稚代『検索入門　薬草』保育社,1996

○光岡知足『プロバイオティクスの歴史と進化』『日本乳酸菌学会誌』22巻1号,2011

○村上志緒著『日本のハーブ事典』東京堂出版,2002

○本対茂一監修『小動物の臨床栄養学』マーク・モーリス研究所,2001

○森本宏編『飼料学』養賢堂,1985

○文部省・編『初等料理一』文部省,1942

○文部科学省 "日本食品標準成分表2015年版(七訂)　水道水の無機質" <http://www.mext.go.jp/component/a_menu/science/detail/__icsFiles/afieldfile/2015/12/24/1365334_1-0326.pdf>,[2019年7月7日アクセス]

○文部科学省 "日本食品標準成分表2015年版(七訂)" <http://www.mext.go.jp/a_menu/syokuhinseibun/1365420.htm>,[2019年8月22日アクセス]

○山田 文雄『ウサギ学　隠れることと逃げることの生物学』東京大学出版会,2017

○雪印種苗株式会社 "輸入乾草について(Ⅰ)" <http://livestock.snowseed.co.jp/public/4e73725b/6804990a/jklwkp>,[2019年6月30日アクセス]

○履亭主人訳『牧畜要論 初編 兎の部』履亭主人,1873

○The Royal Society for the Prevention of Cruelty to Animals "What should a rabbit's diet consist of?" <https://www.rspca.org.uk/adviceandwelfare/pets/rabbits/diet/planner>,[2019年7月2日アクセス]

○うさぎの時間編集部『うさぎの時間』no.21うさぎの献立,誠文堂新光社,2018

○うさぎの時間編集部『うさぎの時間』no.22保存版うさぎを守る災害備蓄,誠文堂新光社,2018

○うさぎの時間編集部『うさぎの時間』no.23　特集10歳ごえうさぎの献立内おいしくやさしくうさぎのケアごはん,誠文堂新光社,2019

○うさぎの時間編集部『うさぎの時間』no.23　保存版うさぎのヒヤリ・ハット,誠文堂新光社,2019

写真提供・撮影・取材ご協力者 敬称略・順不同

写真ご提供・取材ご協力

発刊にあたり、アンケートへのご協力、写真・情報のご提供をいただき、誠にありがとうございました。

◎めぐみ＆ほーりー
◎みかマロ＆ばにら、龍太郎、ししマロ
◎MaRi＆Lente、Rand
◎石原明＆神楽さん、蘭ちゃん、マロンさん、じじ、みるく、もも、さくら、あおい
◎ちょびすけっと＆マリー、琥珀
◎三上由紀子＆ココ
◎ちょこもも＆ささみ、きゅうた
◎高橋いずみ＆マーブル
◎RAC＆ジャック、sherry
◎金谷善雄＆くぅ〜
◎あやぴ＆かぼちゃ
◎よういち＆けいこ＆ルナちゃん
◎藤本加奈子＆ゆきみ、だいふく
◎美佳＆むぅ、エム
◎たまちぅ＆チャイ氏
◎つねママ＆つね
◎あさり＆わた
◎中野恵三子＆ふわり
◎佐久間一嘉＆カロリ
◎あこ＆きなこ
◎みったんママ＆きしめん
◎ちびたんのママ＆ちび
◎yuka＆うさ子

◎Meg＆Noi
◎まーぁさん＆まろん
◎ゆかり＆ファービー
◎おかーしゃん社長＆参事
◎おぺら＆こぺら
◎かりんママ＆かりん
◎あず＆くろ
◎ハナちゃん＆エマ
◎＊tamaki＊＆ぽん太郎、きゅん太郎
◎ここママ＆ここあ
◎tomo☆＆ピース
◎リズ母さん＆リズ
◎上坂ちぐさ＆Luna
◎ましまむ＆ましろ
◎島田恵＆ジューラ
◎ピーちゃんママ＆ピーター
◎ジュン＆コデマリ
◎ゆきうさぎふ。＆うささん。
◎吉田＆なおみ
◎mayumi＆Glück
◎もも＆くまじろう
◎ぽりちゃん＆なす
◎マナティ＆こいも
◎ひろのり＆まめ
◎りの＆くぅ
◎みほかつ＆モカ
◎ミセスラビット＆ピーター
◎いくら＆うに
◎もん＆ちぃ
◎関本あやめ＆うーたん、ここあ

◎リエ＆うーいちろう
◎にちこ＆ニッチ
◎U＆ぽよ
◎おーさかや

撮影ご協力

◎梶原紀子
◎由美
◎谷口正行・絵里香
◎落合泰三・紘子
◎塚越麗子
◎藤本浩輔・加奈子
◎島田隆道・恵
◎大澤由子
◎熊谷香代
◎井之輪徹・和恵
◎内田麻衣

著者プロフィール

大野瑞絵（おおのみずえ）

東京生まれ。動物ライター。「動物をちゃんと飼う、ちゃんと飼えば動物は幸せ。動物が幸せになってはじめて飼い主さんも幸せ」をモットーに活動中。著書に『デグー完全飼育』『フクロモモンガ完全飼育』『新版よくわかるウサギの健康と病気』（以上小社刊）、『うさぎと仲よく暮らす本』（新星出版社）など多数。動物関連雑誌にも執筆。1級愛玩動物飼養管理士、ヒトと動物の関係学会会員、ホリスティックケア・カウンセラー、野菜ソムリエ

監 修 みわエキゾチック動物病院院長　三輪恭嗣（P113～139）

撮影協力（敬称略）
町田修（うさぎのしっぽ）

制作協力（敬称略・順不同）
うさぎのしっぽ、ココロのおうち、uta、BUNNY GARDEN、有限会社ウーリー、株式会社三晃商会、株式会社マルカン、株式会社川井、イースター株式会社、株式会社ニチドウ、ジェックス株式会社、ハイペット株式会社、有限会社メディマル、株式会社 リーフ（Leaf Corporation）、日本ビーエフ株式会社、株式会社アラタ、株式会社ペティオ、株式会社BWH、株式会社アピックスインターナショナル、うさぎの時間

スタッフ

写　真	井川俊彦
	蜂巣文香（P140～143）
	編集部
	Pixta
デザイン	橘川幹子
イラスト	川岸歩
編　集	前迫明子
執筆協力	佐藤華奈子
	（P84～88、P105～111、P132～133）
企画・進行	and bocca 中村夏子

食事の与え方と選び方、目的別に引けて使いやすい！
ウサギの健康のために一家に一冊！

新版　よくわかるウサギの食事と栄養

2019 年 11 月 15 日　発　行	NDC 645.9
2021 年 10 月 1 日　第 2 刷	

著　者　大野瑞絵（おおのみずえ）

発行者　小川雄一

発行所　株式会社 誠文堂新光社
　　　　〒113-0033 東京都文京区本郷 3-3-11
　　　　［編集］電話 03-5800-3625
　　　　［販売］電話 03-5800-5780
　　　　https://www.seibundo-shinkosha.net/

印刷・製本　図書印刷 株式会社

©2019, Mizue Ohno.
Printed in Japan
検印省略
本書記載の記事の無断転用を禁じます。
万一落丁・乱丁本の場合はお取り替えいたします。

本書のコピー、スキャン、デジタル化等の無断複製は、著作権法上での例外を除き、禁じられています。本書を代行業者等の第三者に依頼してスキャンやデジタル化することは、たとえ個人や家庭内での利用であっても著作権法上認められません。

JCOPY <（一社）出版者著作権管理機構　委託出版物>
本書を無断で複製複写（コピー）することは、著作権法上での例外を除き、禁じられています。本書をコピーされる場合は、そのつど事前に、（一社）出版者著作権管理機構（電話 03-5244-5088 ／ FAX 03-5244-5089 ／e-mail：info@jcopy.or.jp）の許諾を得てください。

ISBN978-4-416-71920-6